Bernd Kitt

Effiziente Schätzung dichter Bewegungsvektorfelder

unter Berücksichtigung der Epipolargeometrie
zwischen unterschiedlichen Ansichten einer Szene

Schriftenreihe
Institut für Mess- und Regelungstechnik,
Karlsruher Institut für Technologie (KIT)

Band 027

Eine Übersicht über alle bisher in dieser Schriftenreihe erschienenen
Bände finden Sie am Ende des Buchs.

Effiziente Schätzung
dichter Bewegungsvektorfelder

unter Berücksichtigung der Epipolargeometrie
zwischen unterschiedlichen Ansichten einer Szene

von
Bernd Kitt

Dissertation, Karlsruher Institut für Technologie (KIT)
Fakultät für Maschinenbau, 2013
Tag der mündlichen Prüfung: 24. Mai 2013
Referenten: Prof. Dr.-Ing. C. Stiller, Prof. Dr.-Ing. J. Zöllner

Impressum

Karlsruher Institut für Technologie (KIT)
KIT Scientific Publishing
Straße am Forum 2
D-76131 Karlsruhe

KIT Scientific Publishing is a registered trademark of Karlsruhe
Institute of Technology. Reprint using the book cover is not allowed.

www.ksp.kit.edu

Print on Demand 2013

ISSN 1613-4214
ISBN 978-3-7315-0105-3

Effiziente Schätzung dichter Bewegungsvektorfelder unter Berücksichtigung der Epipolargeometrie zwischen unterschiedlichen Ansichten einer Szene

Zur Erlangung des akademischen Grades

Doktor der Ingenieurwissenschaften

der Fakultät für Maschinenbau
Karlsruher Institut für Technologie (KIT)

genehmigte

Dissertation

von

Dipl.-Ing. Bernd Kitt

Tag der mündlichen Prüfung: 24. Mai 2013
Hauptreferent: Prof. Dr.-Ing. C. Stiller
Korreferent: Prof. Dr.-Ing. J. Zöllner

Vorwort

Die vorliegende Dissertation entstand während meiner Tätigkeit als wissenschaftlicher Mitarbeiter am Institut für Mess- und Regelungstechnik des Karlsruher Instituts für Technologie (KIT). Herrn Prof. Dr.-Ing. Christoph Stiller danke ich herzlich für die Betreuung dieser Arbeit, die gewährte Freiheit bei der Ausgestaltung meines Forschungsthemas sowie die vielen fachlichen Anregungen.

Herrn Prof. Dr.-Ing. Johann Marius Zöllner danke ich für die Übernahme des Korreferats und sein Interesse an meiner Arbeit.

Bei meinen Kolleginnen und Kollegen am Institut möchte ich mich für die stets gute Zusammenarbeit, die angenehme Arbeitsatmosphäre sowie für zahlreiche anregende Diskussionen in den Kaffeerunden und den Sommerseminaren bedanken. Ein besonderer Dank gilt hierbei Herrn Dr. Martin Lauer, Herrn Henning Lategahn, Herrn Philip Lenz, Herrn Benjamin Ranft sowie Herrn Eike Rehder für die mühevolle Arbeit des Korrekturlesens und die zahlreichen konstruktiven Hinweise zu meiner Arbeit. Weiterhin möchte ich mich beim Sekretariat des Instituts für die jederzeit gute Unterstützung bei Verwaltungsaufgaben bedanken. Ein weiterer Dank gilt den Werkstätten für die zuverlässige Unterstützung in praktischen Belangen sowie Herrn Werner Paal für die Unterstützung bei Fragen rund um die IT.

Ebenfalls bedanken möchte ich mich bei Herrn Prof. Sanjiv Singh für die Einladung zu einem Forschungsaufenthalt am Robotics Institute der Carnegie Mellon University in Pittsburgh, PA, USA, beim gesamten Team des Field Robotics Center für die angenehme Zusammenarbeit sowie beim Karlsruhe House of Young Scientists (KHYS) für die Förderung dieses Aufenthalts.

Abschließend möchte ich mich bei meiner Familie bedanken, die mir durch ihre Unterstützung ein sorgenfreies Studium ermöglicht und somit maßgeblich zum Gelingen dieser Arbeit beigetragen hat.

Lindau, im September 2013 Bernd Kitt

Kurzfassung

Grundlegend für die Interpretation der Umgebung ist ein detailliertes Umfeldmodell, welches neben der 3D-Geometrie der Szene zusätzlich die Bewegungen von Objekten beinhaltet. Sowohl die Geometrie der Szene als auch die vorhandenen Bewegungen können kamerabasiert bestimmt werden, wenn korrespondierende Bildpunkte zwischen unterschiedlichen Ansichten der Szene bekannt sind.

Die Schätzung der Bewegung einzelner Bildpunkte zwischen aufeinanderfolgenden Ansichten einer Szene erfolgt häufig mithilfe globaler Schätzverfahren. Der Vorteil dieser Verfahren besteht darin, dass dichte Bewegungsvektorfelder bestimmt werden können, sodass auch in nahezu homogenen Bildbereichen Bewegungsinformation zur Verfügung steht. Nachteilig wirkt sich jedoch aus, dass diese Verfahren sehr rechenaufwendig sind und meist nur kleine Verschiebungen geschätzt werden können. Für Anwendungen, bei denen die Echtzeitfähigkeit der Algorithmen von Bedeutung ist, oder wenn große Verschiebungen zu erwarten sind, sind diese Verfahren ungeeignet.

In dieser Arbeit wird ein effizientes, regionenbasiertes Verfahren zur Schätzung nahezu dichter Bewegungsvektorfelder hergeleitet, wobei Annahmen über die Szene getroffen werden. Vorausgesetzt wird beispielsweise, dass die Bewegung in der Bildebene lediglich durch die Bewegung der Kamera, nicht jedoch durch unabhängig bewegte Objekte hervorgerufen wird. Aufgrund dieser Annahme können geometrische Bedingungen, die sich aus der Epipolargeometrie ergeben, bei der Schätzung berücksichtigt werden, um den Suchbereich zu reduzieren. Weiterhin kommt ein Modell zur Beschreibung der Bewegung in der Bildebene zur Anwendung. Die Schätzung der Bewegung erfolgt mithilfe einer Maximum-a-posteriori-Methode, die neben den Beobachtungen im Bild zusätzlich die a-priori-Information aus dem zugrunde liegenden Bewegungsmodell berücksichtigt. Insgesamt ergibt sich somit ein robuster Algorithmus zur zeiteffizienten Schätzung nahezu dichter Bewegungsvektorfelder für die statischen Bereiche der Szene, dessen Leistungsfähigkeit anhand realer Bildsequenzen demonstriert wird.

Schlagworte: Optischer Fluss – Bewegungsvektorfeld – Visuelle Odometrie

Abstract

A fundamental prerequisite for scene understanding is a detailed model of the environment which contains the 3D geometry of the scene and the motion of objects. Both, the scene geometry as well as the existing movements can be determined based on camera images, when corresponding image points between different views of the scene are available.

Usually, global approaches are used to estimate the apparent motion in the image plane. The main advantage of those algorithms is their ability to estimate dense motion vector fields. Thus, motion information is also available in less textured image regions. A drawback is, that these algorithms are computational demanding and can usually be applied for small motion vectors only. Hence, these algorithms cannot be used for applications with real-time requirements or in case of large optical flow vectors.

In this thesis an efficient algorithm for estimating nearly dense motion vector fields is presented, which makes assumptions about the scene to gain efficiency. It is assumed, that the apparent motion in the image plane is caused merely by the ego-motion of the camera but not by independently moving objects. Hence, geometric constraints between different views, which arise from the epipolar geometry, can be integrated into the optical flow estimation to reduce the search space for correspondences. Furthermore, a model to describe the expected optical flow is used. The estimation is performed using a maximum-a-posteriori-method which combines observations in the images with the a-priori-information caused by the motion model. The resulting algorithm allows for a robust and time efficient estimation of nearly dense motion vector fields for the static parts of the scene. The performance of the presented algorithm is demonstrated using challenging real world image sequences.

Keywords: optical flow – motion vector field – visual odometry

Inhaltsverzeichnis

Symbolverzeichnis

Abkürzungen

2D/3D	Zwei-/Dreidimensional
EE	*engl.* Endpoint-Error
EKF	Erweitertes Kalman-Filter
GPS	*engl.* Global Positioning System
IEKF	Iteriertes Erweitertes Kalman-Filter
IMU	*engl.* Inertial Measurement Unit
ISPKF	*engl.* Iterated Sigma-Point Kalman-Filter
KF	Kalman-Filter
KL	Kullback-Leibler-Divergenz
LoG	*engl.* Laplacian of Gaussian
MAP	*engl.* Maximum-a-posteriori
MSE	*engl.* Mean Squared Error
NCC	*engl.* Normalized Cross-Correlation Coefficient
ORB	*engl.* Oriented FAST and Rotated BRIEF
px	Pixel
RANSAC	*engl.* Random Sample Consensus
SAD	*engl.* Sum of Absolute Differences
SFM	*engl.* Structure-from-Motion
SIFT	*engl.* Scale Invariant Feature Transform
SSD	*engl.* Sum of Squared Differences
SURF	*engl.* Speeded Up Robust Features
UKF	*engl.* Unscented Kalman-Filter

Notationsvereinbarungen

Skalare	nicht fett, kursiv: $x, y, z, X, Y, Z, \ldots$
Vektoren	fett, nicht kursiv: $\mathbf{x}, \mathbf{y}, \mathbf{z}, \mathbf{X}, \mathbf{Y}, \mathbf{Z}, \ldots$
Matrizen	fett, nicht kursiv, groß: $\mathbf{A}, \mathbf{B}, \mathbf{C}, \ldots$
Mengen	kaligraphisch, groß: $\mathcal{A}, \mathcal{B}, \mathcal{C}, \ldots$
homogene Koordinaten	fett, serifenlos: $\mathsf{x}, \mathsf{y}, \mathsf{z}, \mathsf{X}, \mathsf{Y}, \mathsf{Z}, \ldots$

Indizes

$\mathbf{x}_I, \dots$	Größen im 2D-Bildkoordinatensystem
$\mathbf{x}_S, \dots$	Größen im 2D-Sensorkoordinatensystem
$\mathbf{x}_{S,N}, \dots$	Größen im normalisierten 2D-Sensorkoordinatensystem
$\mathbf{X}_C, \dots$	Größen im 3D-Kamerakoordinatensystem
$\mathbf{X}_W, \dots$	Größen im 3D-Weltkoordinatensystem
$\mathbf{x}_k, \dots$	Größen im k-ten Zeitschritt
$\mathbf{x}^i, \dots$	i-tes Element einer Menge
$\mathbf{x}_L, \mathbf{x}_R$	Größen in der linken bzw. rechten Kamera
$\mathbf{x}^F, \dots$	Größen aus dem Bewegungsmodell
$\mathbf{x}^S, \dots$	Größen aus dem Verschiebungsmodell
$\mathbf{R}_E, \mathbf{t}_E$	Extrinsische Kameraparameter

Symbole

Allgemein:

$\mapsto$	Abbildung
$\leftrightarrow$	Korrespondenz
$\sim$	Verteilung einer Zufallsvariablen
$\approx$	Approximation
$\cong$	Projektive Identität
$\propto$	Proportionalität
$\cap$	Schnittmenge
$\subset$	Teilmenge
$\times$	Vektorprodukt
$\lvert \cdot \rvert$	Betrag einer Zahl, Mächtigkeit einer Menge
$\lVert \cdot \rVert_2$	Euklidische Norm
$[\mathbf{x}]_\times$	Abbildung eines Vektors $\mathbf{x}$ auf eine anti-symmetrische Matrix
$\exists$	Existenzquantor
$\mathbb{P}$	Projektiver Raum
$\mathbb{R}$	Menge der reellen Zahlen
$(\cdot)^\mathsf{T}$	Transposition eines Vektors/einer Matrix
$(\cdot)^{-1}$	Inverse einer Matrix
$(\cdot)^{-\mathsf{T}}$	Transposition der Inversen einer Matrix
$\det(\cdot)$	Determinante einer Matrix
$\operatorname{diag}(\cdot)$	Diagonalmatrix
$\exp(\cdot)$	Exponentialfunktion
$\operatorname{tr}(\cdot)$	Spur einer Matrix

$p\left(\cdot\right)$	Wahrscheinlichkeitsdichtefunktion
$p\left(\cdot\middle|\cdot\right)$	Bedingte Wahrscheinlichkeitsdichtefunktion
$\mu, \boldsymbol{\mu}$	Mittelwert, Mittelwertvektor
σ	Standardabweichung
$\boldsymbol{\Sigma}$	Kovarianzmatrix
$\mathcal{N}\left(\mathbf{x}\middle|\boldsymbol{\mu}_\mathbf{x}, \boldsymbol{\Sigma}_\mathbf{x}\right)$	Multivariate Normalverteilung von $\mathbf{x}$ mit Mittelwert $\boldsymbol{\mu}_\mathbf{x}$ und Kovarianz $\boldsymbol{\Sigma}_\mathbf{x}$
λ	Skalierungsfaktor
k	Diskreter Zeitpunkt
$f\left(\cdot\right)$	Allgemeine Funktion
$\mathbf{J}_{f,\mathbf{x}}$	Jacobi-Matrix der Funktion f bzgl. der Größe $\mathbf{x}$
$\mathbf{t}$	Translationsvektor
$\mathbf{I}$	Einheitsmatrix
$\mathbf{R}$	Rotationsmatrix
Δx	Abweichung der Größe x
$\widehat{\mathbf{x}}$	Unsicherheitsbehafteter oder geschätzter Vektor $\mathbf{x}$
$\check{\mathbf{x}}$	Erwarteter Vektor $\mathbf{x}$

Kameramodellierung:

$\mathbf{c}$	Kamerahauptpunkt
$\mathbf{e}$	Epipol
$\mathbf{l}$	Linie in der Bildebene
$\mathbf{l}_e$	Epipolarlinie
f	Brennweite
f_x, f_y	Brennweiten entlang der Koordinatenachsen
s	Winkel zwischen x- und y-Achse der Bildebene
$\mathbf{C}$	Optisches Zentrum
$\mathbf{E}$	Essentielle Matrix
$\mathbf{F}$	Fundamentalmatrix
$\mathbf{K}$	Kalibriermatrix
$\mathbf{O}$	Ursprung des 3D-Weltkoordinatensystems
$\mathbf{P}$	Projektionsmatrix
$\neg\mathbf{P}^l$	Matrix $\mathbf{P}$ ohne die l-te Zeile
$\mathcal{T}$	Trifokaltensor
$\Pi\left(\cdot\right)$	Projektion in euklidischen Koordinaten

Flussschätzung:

c_L	Normalisierungskonstante (Likelihood)
c_P	Normalisierungskonstante (a-Priori-Information)

d	Distanz
d_e	Schwellwert für den Abstand zwischen Kandidat und Epipolarlinie
$f_{\check{\mathbf{x}}}(\cdot)$	Prädiktionsfunktion zur Bestimmung von $\check{\mathbf{x}}$
$p_l(\check{\mathbf{x}})$	Approximierte Wahrscheinlichkeitsverteilung von $\check{\mathbf{x}}$
$p_r(\check{\mathbf{x}})$	Tatsächliche Wahrscheinlichkeitsverteilung von $\check{\mathbf{x}}$
$w(\mathbf{x})$	Gewichtsmaske
$\mathbf{a}$	Stützpunkt
$\mathbf{b}$	Parametervektor zur Bestimmung von $\check{\mathbf{x}}$
$\mathbf{f}$	Merkmalsvektor
$\mathbf{o}$	Beobachtung
$\mathbf{u}$	Optischer Fluss
α	Gewichtung des Glattheitsterms
β	Gewichtung der Likelihood
$\boldsymbol{\delta}$	Rauschvektor der Eckpunkte
ϵ	Terme höherer Ordnung
$\boldsymbol{\epsilon}$	Abweichung vom modellbasierten Bildpunkt $\check{\mathbf{x}}$
$E(\mathbf{u})$	Energiefunktional
E_D	Datenterm im Energiefunktional
E_S	Glattheitsterm im Energiefunktional
I	Grauwert eines Bildpunktes
L	Dimension des Merkmalsvektors
M	Anzahl Bildpunkte
Q	Ähnlichkeit zweier Merkmalsvektoren
R	Anzahl Kandidaten im Suchbereich
W	Anzahl Stichprobenelemente aus der wahren Verteilung
Ω	Bildbereich
$\mathcal{A}$	Menge der Stützpunkte
$\mathcal{B}$	Suchbereich
$\mathcal{E}$	Menge der Eckpunktindizes
$\mathcal{K}_E$	Menge der Kandidaten basierend auf der Epipolargeometrie
$\mathcal{K}_M$	Menge der Kandidaten basierend auf dem Bewegungsmodell
$\mathcal{K}$	Menge der Kandidaten im Suchbereich
$\mathcal{O}$	Menge der Beobachtungen
$\mathcal{R}$	Bildblock
$\mathcal{X}$	Menge der Merkmalspunkte

Eigenbewegungsschätzung:

$f_\Pi(\cdot)$	Abbildungsfunktion
$g(\cdot)$	Systemmodell

$h\left(\cdot\right)$	Beobachtungsmodell
H	Anzahl Modellhypothesen beim RANSAC
K	Anzahl Schätzungen
N	Anzahl Merkmalskorrespondenzen
S	Empfindlichkeit
$\mathbf{n}$	Beobachtungsrauschen
$\mathbf{p}$	Kamerapose in Vektordarstellung
$\mathbf{s}$	Systemzustand
$\mathbf{t}_{k,k-1}$	Translationsvektor aus Bewegung
$\mathbf{v}$	Systemrauschen
$\mathbf{z}$	Beobachtung
$\mathbf{C}_{k,k-1}$	Verschiebung des optischen Zentrums aus Bewegung
$\mathbf{R}_{k,k-1}$	Rotationsmatrix aus Bewegung
$\mathbf{T}_k$	Kamerapose zum Zeitschritt k
$\mathbf{T}_{k,k-1}$	Posenänderung
V	Translatorische Geschwindigkeit
ω	Rotatorische Geschwindigkeit
Φ	Nickwinkel
Ψ	Gierwinkel
Θ	Wankwinkel
Δt	Zeitintervall
$\mathcal{C}$	Menge der Kameras
$\mathcal{P}$	Menge der Posenparameter
$\mathcal{V}$	Menge der Geschwindigkeitskomponenten

1 Einleitung

Moderne Fahrerassistenzsysteme helfen dabei, den Fahrzeugführer bei seiner Fahraufgabe zu entlasten und tragen somit entscheidend zur Sicherheit im Straßenverkehr bei [WHW09]. Während in der Vergangenheit hauptsächlich passive Systeme verwendet wurden, die den Fahrer in kritischen Fahrsituationen unterstützen und somit die Schadensminimierung im Vordergrund steht, kommen zunehmend aktive Fahrerassistenzsysteme zum Einsatz, die durch (teil-)autonome Eingriffe das Auftreten von kritischen Situationen verhindern sollen [Bos03].

Insbesondere aktive Systeme bieten zahlreiche Möglichkeiten um Verkehrsunfälle zu vermeiden und die Verkehrssicherheit zu erhöhen. Hierfür sind jedoch im Vergleich zu passiven Systemen deutlich mehr Informationen erforderlich. Die meisten aktiven Systeme, z. B. Notbrems- oder Ausweichassistenten, benötigen neben der Kenntnis des eigenen Fahrzustandes zusätzliches Wissen über die lokale Umgebung des Fahrzeugs. Grundlegend für die zuverlässige Arbeitsweise solcher Fahrerassistenzsysteme ist demnach ein detailliertes Modell der Fahrzeugumgebung. Abhängig von der Art des Systems muss dieses Umfeldmodell unterschiedliche Informationen beinhalten. Während bei einigen Systemen die 3D-Geometrie der Szene für eine zuverlässige Funktionsweise ausreicht, sind beispielsweise bei Ausweichassistenten aufgrund der notwendigen Planung einer kollisionsfreien Ausweichtrajektorie zusätzlich Informationen über bewegte Objekte im Nahbereich des eigenen Fahrzeugs erforderlich. Bei sicherheitsrelevanten Systemen ist zudem die Genauigkeit und Robustheit des Umfeldmodells sowie die Echtzeitfähigkeit der Algorithmen von entscheidender Bedeutung.

Zur Erzeugung eines Modells der lokalen Fahrzeugumgebung stehen unterschiedliche Sensoren zur Verfügung. Während hierfür zunächst Ultraschall- und Radarsensoren verwendet wurden, kommen zunehmend kamerabasierte Systeme zur Anwendung. Da das Verkehrsgeschehen auf die visuelle Erfassung hin ausgelegt ist, bieten bildgebende Sensoren im Vergleich zu Ultraschall- und Radarsensoren zahlreiche Vorteile. Mithilfe von Kameras ist es beispielsweise möglich, Verkehrszeichen oder Fahrbahnmarkierungen zu detektieren und zu interpretieren, was anhand der Daten von Radarsensoren nicht möglich ist. Weiterhin liefern Kameras detaillierte Modelle des Fahrzeugumfeldes, d. h. der Umfeldgeometrie sowie vorhandener Objektbewegungen, anhand derer kritische Fahrsituationen frühzeitig erkannt und vermieden werden können.

<table>
<tr><td>(a) 3D-Struktur der Szene</td><td>(b) Bewegte Objekte (entnommen aus [KRL10b])</td></tr>
</table>

Abbildung 1.1: Exemplarische Veranschaulichung einer 3D-Rekonstruktion der Szene sowie bewegter Objekte im Nahbereich des Fahrzeugs.

Bei der Erzeugung eines Umfeldmodells anhand von visuellen Informationen spielt insbesondere die beobachtbare Bewegung zwischen aufeinanderfolgenden Bildern eine zentrale Rolle. Sind korrespondierende Punkte zwischen zeitlich aufeinanderfolgenden Bildern bekannt, können daraus Rückschlüsse über die Relativbewegung der Kamera gezogen werden, wenn die mit den Bildpunkten korrespondierenden 3D-Szenenpunkte auf dem statischen Bereich der Umgebung liegen. Weiterhin kann anhand der Relativbewegung der Kamera sowie der Verschiebungsvektoren einzelner Punkte die 3D-Position der korrespondierenden Szenenpunkte rekonstruiert werden, wodurch sich ein 3D-Modell der statischen Umgebung ergibt. Bildpunkte, deren Verschiebung zwischen aufeinanderfolgenden Bildern nicht durch die Eigenbewegung der Kamera hervorgerufen wird, können ebenfalls detektiert werden und deuten auf unabhängig bewegte Objekte hin. Anhand der Verschiebung der Punkte zwischen zwei Bildern kann dementsprechend eine Segmentierung dieser Objekte durchgeführt werden. Stehen anhand von Abstandssensoren oder einem Stereokamerasystem zusätzlich Informationen über die Position der Objekte relativ zur Kamera zur Verfügung, kann daraus die Bewegung der Objekte im Raum bestimmt werden. Abbildung 1.1 veranschaulicht exemplarisch eine 3D-Rekonstruktion sowie eine Detektion unabhängig bewegter Objekte.

1.1 Einordnung der Arbeit

Die Verschiebung einzelner Punkte zwischen aufeinanderfolgenden Bildern, die häufig auch als optischer Fluss bezeichnet wird, stellt die Grundlage zahlreicher

Anwendungen dar (z. B. [Hei02, LMB02, OI08, OS10, SD12]). Zur Bestimmung des optischen Flusses stehen unterschiedliche Ansätze zur Verfügung, die in der Literatur beschrieben werden. Diese können in merkmalsbasierte, gradientenbasierte und regionenbasierte Ansätze untergliedert werden.

Merkmalsbasierte Ansätze (z. B. [Low04, BETG08, TLF10]) liefern lediglich für eine geringe Anzahl markanter Bildpunkte Informationen über deren Bewegung. Hieraus resultiert eine effiziente Schätzung robuster Bewegungsvektoren, die gelieferten Informationen eignen sich jedoch nur eingeschränkt zur Modellierung der Szene. Im Wesentlichen ist es mit solchen Ansätzen möglich, die Eigenbewegung der Kamera zu bestimmen (z. B. [NNB04]) oder unabhängig bewegte Objekte im Bild zu detektieren (z. B. [KRL10b]). Eine Segmentierung der einzelnen Objekte sowie eine vollständige Rekonstruktion der 3D-Geometrie des Umfeldes ist aufgrund der geringen Anzahl von Punkten nicht möglich.

Ist eine vollständige Rekonstruktion der Umfeldgeometrie erforderlich, ist die Kenntnis des optischen Flusses aller Bildpunkte notwendig. Dieser kann mithilfe von Variationsansätzen bestimmt werden, bei denen die Schätzung durch Minimierung eines Energiefunktionals erfolgt (z. B. [HS81, BWS02, BBM09, XJM12]). Prinzipbedingt ist es mit solchen globalen Schätzverfahren möglich, dichte Flussfelder zu bestimmen, sodass auch in schlecht texturierten Bildbereichen Bewegungsinformation zur Verfügung steht. Dies wird dadurch erreicht, dass Annahmen über das resultierende Bewegungsvektorfeld getroffen werden. Diese basieren meist auf der räumlichen Kohärenz benachbarter Bildpunkte und fordern, dass benachbarte Punkte einen ähnlichen optischen Fluss aufweisen. Insbesondere an Objektgrenzen ist diese Annahme jedoch verletzt, sodass in diesen Bereichen deutliche Fehler in den geschätzten Bewegungsvektorfeldern auftreten. In [NE86, Sch93, Sch94, Wei98, AWS00, PBB$^+$06] werden Algorithmen beschrieben, die durch zusätzliche Annahmen über das resultierende Bewegungsvektorfeld eine Reduktion des Schätzfehlers an Objektgrenzen ermöglichen.

Nachteilig wirkt sich bei den globalen Schätzverfahren jedoch aus, dass sie lediglich für kleine Bewegungsvektoren geeignet sind. Große Bewegungsvektoren, wie sie in der Robotik oder in modernen Fahrerassistenzsystemen üblicherweise auftreten, können mit diesen Algorithmen nur eingeschränkt gehandhabt werden [BBM09]. Zur Bestimmung großer Bewegungsvektoren werden in [BBPW04, XJM12] Verfahren beschrieben, bei denen zur Schätzung des Bewegungsvektorfeldes Multiskalenansätze verwendet werden. In [BM11] werden zusätzlich bereits gegebene Merkmalskorrespondenzen zwischen den beiden Ansichten in den Schätzprozess integriert. Diese dienen als weiterer Term im zu optimierenden Energiefunktional und ermöglichen eine zuverlässigere Schätzung großer Bewegungsvektoren, indem lokale Minima bei der Optimierung vermieden werden. Ein weiteres Problem stellen Skalenänderungen zwischen den Ansichten dar. Diese treten hauptsächlich bei einer dominanten Bewegung der Kamera entlang ihrer optischen Achse auf und führen dazu, dass ein Pixel in einem Bild auf mehrere Pixel im anderen Bild abgebildet werden kann und umgekehrt. Ein Ansatz, der dies bei der Schätzung berücksichtigt, wird in [XDJ12] beschrieben.

Unabhängig vom verwendeten Algorithmus weisen alle globalen Ansätze den Nachteil auf, dass bei der Schätzung des optischen Flusses hochdimensionale Gleichungssysteme gelöst werden müssen. Für Echtzeitanwendungen sind die genannten Algorithmen somit nicht geeignet [Bru06].

Eine weitere Möglichkeit zur Schätzung dichter Bewegungsvektorfelder, die nicht auf der Annahme kleiner Flussvektoren beruht, sondern prinzipiell beliebig große Bewegungsvektoren erlaubt, sind die regionenbasierten Verfahren, bei denen die Schätzung durch Vergleich einzelner Bildbereiche erfolgt. Nachteilig wirkt sich bei diesen Verfahren aus, dass eine zuverlässige Bestimmung der Bewegung nur in ausreichend texturierten Bildbereichen möglich ist. In homogenen Bereichen ist aufgrund zahlreicher Mehrdeutigkeiten keine zuverlässige Schätzung des optischen Flusses möglich. Weiterhin steigt der Aufwand bei diesen Verfahren mit der Länge der zu erwartenden Bewegungsvektoren. Um eine effizientere Schätzung zu ermöglichen, werden in [CP02, JC04, JPF+09] Suchstrategien beschrieben, wodurch die Anzahl möglicher Kandidaten reduziert wird. Aufgrund der daraus resultierenden Unterabtastung des Suchbereichs kann jedoch nicht garantiert werden, dass das globale Optimum gefunden wird.

Werden nur die statischen Bereiche der Szene bei der Schätzung berücksichtigt, können hieraus weitere Modellannahmen getroffen werden, um die Genauigkeit der resultierenden Bewegungsvektorfelder zu verbessern und den Aufwand zu reduzieren. In [VBW08] wird beispielsweise ein Algorithmus vorgestellt, welcher einen globalen Variationsansatz zur Schätzung des optischen Flusses verwendet. Die sich aus der Epipolargeometrie zwischen zwei Ansichten einer Szene ergebenden geometrischen Bedingungen korrespondierender Bildpunkte werden bei diesem Ansatz als zusätzlicher Regularisierungsterm innerhalb des zu optimierenden Energiefunktionals berücksichtigt, sodass eine gleichzeitige Schätzung des optischen Flusses sowie der Epipolargeometrie erfolgt. Ein ähnlicher Schätzalgorithmus wird in [WPB+08] beschrieben. Bei diesem Ansatz werden die geometrischen Zusammenhänge korrespondierender Punkte im Datenterm des zu optimierenden Energiefunktionals berücksichtigt, wobei vorausgesetzt wird, dass die Fundamentalmatrix bereits aus einem vorverarbeitenden Schritt bekannt ist.

Während die Integration der geometrischen Zusammenhänge korrespondierender Bildpunkte bei den oben genannten globalen Schätzverfahren durch zusätzliche Terme im Energiefunktional erfolgt, wird in [KRL10a] ein Algorithmus beschrieben, bei dem diese Bedingungen innerhalb eines regionenbasierten Verfahrens berücksichtigt werden. Hierbei wird ausgenutzt, dass sich der Suchbereich für korrespondierende Merkmalspunkte anhand der zugrunde liegenden Epipolargeometrie stark einschränken lässt. Die eigentliche Korrespondenzsuche erfolgt nur noch in einem kleinen Bereich um die Epipolarlinie, wodurch deutlich weniger Kandidaten überprüft werden müssen, was in einer Reduktion des Aufwandes resultiert. Weiterhin führt die Einschränkung des Suchbereichs dazu, dass nicht plausible Kandidaten verworfen werden, wodurch genauere Schätzergebnisse erzielt werden können.

Die Einschränkung des Suchbereichs auf eine Linie liefert jedoch nach wie vor zahlreiche Kandidaten, die bei der Korrespondenzsuche überprüft werden müssen. Weiterhin kann anhand der Epipolargeometrie keine Auflösung der Mehrdeutigkeiten in nahezu homogenen Bildbereichen erfolgen. Hierzu sind zusätzliche Annahmen erforderlich, die zu einer weiteren Einschränkung des Suchbereichs führen.

1.2 Zielsetzung

Im Rahmen dieser Arbeit soll ein effizientes Verfahren zur Schätzung dichter Bewegungsvektorfelder hergeleitet werden, dessen Hauptanwendungsgebiet die Umfeldwahrnehmung für Fahrerassistenzsysteme darstellt. Aufgrund dessen ergeben sich zahlreiche Herausforderungen, die bei den üblicherweise verwendeten Algorithmen zur Schätzung des optischen Flusses entweder zu ungenauen Schätzergebnissen führen oder einen aufwendigen Schätzprozess erfordern. Zum einen sind bei Anwendungen im automobilen Umfeld große Flussvektoren zu erwarten, sodass globale Schätzverfahren nur eingeschränkt anwendbar sind. Zum anderen ergeben sich zusätzliche Herausforderungen aufgrund der wechselnden Beleuchtungsverhältnisse zwischen den unterschiedlichen Ansichten der Szene, sowie wenig texturierter Bereiche, wie sie beispielsweise auf der Fahrbahnoberfläche oder auf Häuserfassaden zu erwarten sind. Die klassischen regionenbasierten Verfahren liefern in diesem Fall schlechte Schätzergebnisse, sodass die Bewegungsvektorfelder nicht als Grundlage für weitere Algorithmen verwendet werden können.

Um eine effiziente und zuverlässige Schätzung dichter Bewegungsvektorfelder, auch im Falle großer Bewegungsvektoren und in nahezu homogenen Bildbereichen gewährleisten zu können, werden bei dem hier vorgestellten Verfahren Annahmen hinsichtlich der in der Szene auftretenden Bewegungen getroffen. Es wird angenommen, dass die in der Bildebene sichtbare Bewegung lediglich durch die Eigenbewegung des Fahrzeugs hervorgerufen wird und keine unabhängig bewegten Objekte vorhanden sind. Weiterhin wird angenommen, dass die sichtbare Bewe-

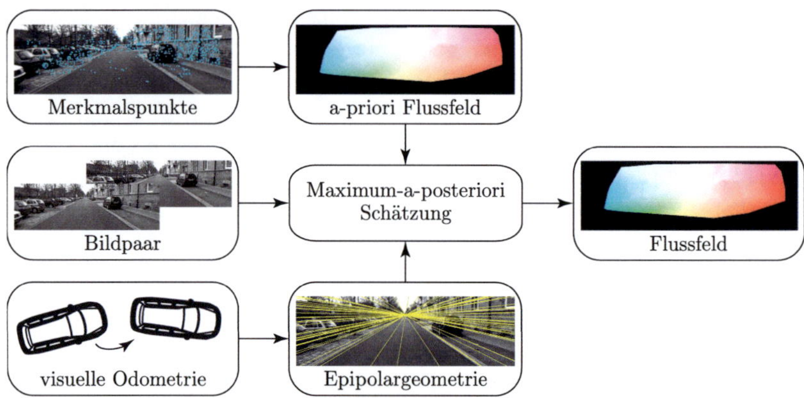

Abbildung 1.2: Schematische Darstellung der einzelnen Schritte des vorgestellten Algorithmus.

gung in der Bildebene stückweise durch ein Bewegungsmodell beschrieben werden kann. Hierdurch ist eine Einschränkung des Bereiches für die Korrespondenzsuche möglich. Anhand der Epipolargeometrie zwischen den beiden Ansichten reduziert sich der Suchbereich auf eine Linie, sodass sich die Anzahl möglicher Kandidaten reduziert. In nahezu homogenen Bildbereichen reicht diese Einschränkung jedoch nicht für eine zuverlässige Korrespondenzsuche aus. Hierfür dient das Bewegungsmodell, welches anhand initialer Merkmalskorrespondenzen bestimmt werden kann. Beide Informationen werden innerhalb einer Maximum-a-posteriori-Methode (MAP) kombiniert, um das Bewegungsvektorfeld zu schätzen. Die schematische Vorgehensweise hierzu ist in Abbildung 1.2 dargestellt.

Insgesamt soll mit dem in dieser Arbeit vorgestellten Algorithmus eine zeiteffiziente Schätzung nahezu dichter Bewegungsvektorfelder für die statischen Bereiche der Szene ermöglicht werden, die auch im Falle großer Flussvektoren und in nahezu homogenen Bildbereichen eine robuste Schätzung ermöglicht.

1.3   Aufbau der Arbeit

Die vorliegende Arbeit ist wie folgt gegliedert:

- Die grundlegenden Zusammenhänge zwischen 3D-Szenenpunkten in der Welt und deren korrespondierenden Punkten im Bild werden in Kapitel 2 mithilfe des Lochkameramodells beschrieben. Werden mehrere solcher Kameras als multiokulare Kamerasysteme verwendet, ergeben sich hierdurch geometrische Bedingungen für korrespondierende Bildpunkte in den verschiedenen Ansichten der Szene. Diese Bedingungen werden sowohl für binokulare als auch für trinokulare Kamerasysteme kurz dargestellt.

- Kapitel 3 beschreibt die Grundlagen der Bewegungsanalyse in Bildsequenzen. Neben der Entstehung der Bewegung wird deren Repräsentation durch den optischen Fluss erläutert. Darauf aufbauend werden die üblicherweise getroffenen Annahmen zur Schätzung dichter Bewegungsvektorfelder kurz vorgestellt sowie häufig verwendete Schätzverfahren beschrieben.

- In Kapitel 4 wird ein Verfahren zur Schätzung der Kameraeigenbewegung basierend auf einem binokularen Kamerasystem hergeleitet, wobei Merkmalskorrespondenzen zwischen den Ansichten für die Bewegungsschätzung verwendet werden. Zunächst wird untersucht, wie sich die Lage der 3D-Szenenpunkte bei einer fehlerhaften Kamerapose auf den Rückprojektionsfehler im Bild auswirkt. Hierdurch kann eine Aussage darüber getroffen werden, welche Merkmale für eine genaue Schätzung der Bewegungskomponenten erforderlich sind. Basierend auf dieser Analyse wird eine Reduktion der Merkmalskorrespondenzen durchgeführt, um den Aufwand für die Schätzung zu reduzieren. Die verbleibenden Merkmalskorrespondenzen dienen als Beobachtungen für ein Bayes'sches Filter, anhand dessen die Bewegung der Kamera rekursiv geschätzt wird. Um Fehlzuordnungen zwischen den Merkmalspunkten sowie Punkte auf unabhängig bewegten Objekten bei der Schätzung berücksichtigen zu können wird ein robuster Innovationsschritt verwendet. Dieser ermöglicht auch in dynamischen Umgebungen eine genaue Schätzung der Bewegungsparameter.

- Aufbauend auf der Epipolargeometrie zwischen zwei Ansichten, die anhand der Kamerabewegung bestimmt werden kann, wird in Kapitel 5 ein effizientes Verfahren zur Schätzung nahezu dichter Bewegungsvektorfelder für die statischen Bereiche der Szene vorgestellt. Die Integration der Epipolargeometrie in den Schätzprozess führt dazu, dass die Anzahl möglicher Kandidaten bei der Korrespondenzsuche reduziert werden kann, wodurch eine effizientere und genauere Schätzung des Bewegungsvektorfeldes ermöglicht wird. Eine weitere Steigerung der Effizienz sowie eine erhebliche Verbesserung der Genauigkeit wird erreicht, indem ein Modell zugrunde gelegt wird, das die Bewegung zwischen aufeinanderfolgenden Bildern beschreibt. Die Aufteilung des Bildes in die einzelnen Bewegungsbereiche erfolgt hierbei anhand initialer Merkmalskorrespondenzen, die weiterhin dazu genutzt werden, die Modellparameter zu bestimmen. Die anschließende Korrespondenzsuche erfolgt basierend auf den bereitstehenden Informationen lediglich in einem kleinen Bereich um den Punkt, der sich aus dem Bewegungsmodell ergibt. Das modellbasierte Bewegungsvektorfeld dient weiterhin als a-priori-Information für eine Maximum-a-posteriori-Schätzung des Bewegungsvektorfeldes, wodurch sich auch in nahezu homogenen Bereichen zuverlässige Schätzergebnisse ergeben.

- In Kapitel 6 erfolgt eine Evaluierung der in dieser Arbeit vorgestellten Algorithmen. Die Algorithmen werden hierbei auf realen Daten erprobt und hinsichtlich ihrer Leistungsfähigkeit bewertet.

- Kapitel 7 fasst die wesentlichen Ergebnisse dieser Arbeit kompakt zusammen und gibt einen Ausblick auf mögliche Erweiterungen des vorgestellten Verfahrens.

2 Kameramodellierung

Grundlegend für die meisten Bildverarbeitungsalgorithmen ist eine geeignete Modellierung des Abbildungsprozesses der dreidimensionalen Umgebung auf die zweidimensionale Bildebene der Kamera. Dieser Prozess wird in Kapitel 2.1 mathematisch anhand des Lochkameramodells beschrieben. Die Linsenverzeichnungen realer Optiken werden hierbei nicht weiter berücksichtigt, da diese durch eine geeignete Entzerrung nachträglich weitestgehend kompensiert werden können. Für die weiteren Verarbeitungsschritte ist es somit ausreichend das ideale Lochkameramodell zu verwenden [Bar10].

Die Projektion der 3D-Struktur der Szene auf die Bildebene geht mit einem wesentlichen Informationsverlust einher. Die Koordinaten der Bildpunkte repräsentieren lediglich Verhältnisse zwischen den 3D-Koordinaten einzelner Objektpunkte, sodass aus dem Bild einer einzelnen Kamera weder die Entfernung noch die Größe von Objekten rekonstruiert werden kann [Jäh05]. Sind diese Informationen von Interesse, müssen multiokulare Kamerasysteme verwendet werden. Die geometrischen Beziehungen binokularer Kamerasysteme werden in Kapitel 2.2 erläutert, Kapitel 2.3 beschreibt die geometrischen Beziehungen trinokularer Kamerasysteme.

2.1 Modell einer monokularen Kamera

Eine Kamera bildet einen dreidimensionalen Objektpunkt auf eine zweidimensionale Bildebene ab. Zur Beschreibung dieses Abbildungsprozesses stehen unterschiedliche Kameramodelle zur Verfügung, wobei meist die ideale Lochkamera verwendet wird (vgl. [FL04, Jäh05, HZ08]). Diese besteht aus einer infinitesimal kleinen Lochblende, die als Projektionszentrum dient und von allen Lichtstrahlen passiert werden muss, bevor diese auf die Bildebene der Kamera treffen. Weiterhin bildet die Lochblende den Ursprung des euklidischen Kamerakoordinatensystems C, dessen Z_C-Achse als optische Achse bezeichnet wird und senkrecht auf der Bildebene steht. Sie schneidet diese im Kamerahauptpunkt $\mathbf{c}$, der den Ursprung des Sensorkoordinatensystems S definiert. Der Abstand $Z_C = f$ zwischen dem Projektionszentrum der Kamera und der Bildebene wird als Brennweite bezeichnet. Abbildung 2.1 veranschaulicht die geometrischen Beziehungen am Lochkamera-

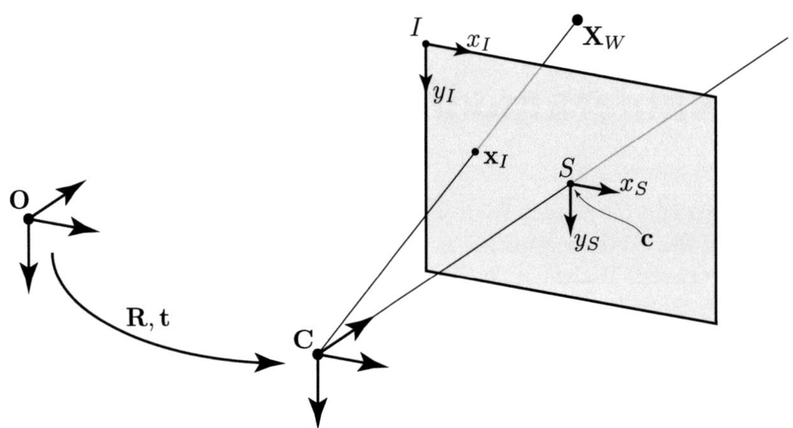

Abbildung 2.1: Projektion eines dreidimensionalen Weltpunktes $\mathbf{X}_W$ auf die zwei-dimensionale Bildebene einer Kamera, deren Position und Orientierung im Raum durch die extrinsischen Kameraparameter $\{\mathbf{R}, \mathbf{t}\}$ gegeben ist.

modell sowie den Abbildungsprozess eines Objektpunktes auf die Bildebene, der im Folgenden näher beschrieben werden soll.

Üblicherweise werden Objektpunkte $\mathbf{X}_W = (X_W, Y_W, Z_W)^\mathsf{T}$ im ortsfesten Welt-koordinatensystem W beschrieben, welches sich im Allgemeinen vom Kamerako-ordinatensystem C unterscheidet. Die Transformation von Punkten aus dem Welt-koordinatensystem mit Ursprung $\mathbf{O}$ in das Kamerakoordinatensystem mit Ursprung $\mathbf{C}$, dem sogenannten optischen Zentrum, kann durch eine euklidische Transforma-tion bestehend aus einer Rotation $\mathbf{R} \in \mathbb{R}^{3\times3}$ und einer Translation $\mathbf{t} \in \mathbb{R}^3$ gemäß

$$\mathbf{X}_C = \mathbf{R} \cdot (\mathbf{X}_W - \mathbf{C}) = \mathbf{R} \cdot \mathbf{X}_W + \mathbf{t} \qquad (2.1)$$

beschrieben werden. Hierbei wird die Position und Orientierung der Kamera im Raum durch die sogenannten extrinsischen Kameraparameter $\{\mathbf{R}, \mathbf{t}\}$ bezeichnet.

Eine kompaktere Darstellung dieser Abbildung kann im projektiven Raum (vgl. Anhang A.1) erfolgen. Durch die Verwendung homogener Koordinaten kann die Transformation eines Punktes vom Welt- ins Kamerakoordinatensystem durch eine Matrixmultiplikation der Form

$$\mathbf{X}_C = \begin{bmatrix} \mathbf{R} & \mathbf{t} \\ \mathbf{0}^\mathsf{T} & 1 \end{bmatrix} \cdot \mathbf{X}_W \qquad (2.2)$$

dargestellt werden. Für den Fall, dass Welt- und Kamerakoordinatensystem identisch sind, gilt $\mathbf{R} = \mathbf{I}$ und $\mathbf{t} = \mathbf{0}$.

Die Abbildung eines dreidimensionalen Punktes, gegeben im Kamerakoordinatensystem C, auf die zweidimensionale Bildebene der Kamera lässt sich mithilfe der perspektivischen Projektion beschreiben. Der mit dem Objektpunkt $\mathbf{X}_C$ korrespondierende Punkt $\mathbf{x}_S = (x_S, y_S)^{\mathsf{T}}$ im Sensorkoordinatensystem S der Kamera ergibt sich zu:

$$x_S = f \cdot \frac{X_C}{Z_C} \tag{2.3}$$

$$y_S = f \cdot \frac{Y_C}{Z_C} \tag{2.4}$$

Häufig wird eine Bildebene im Abstand $Z_C = 1$ verwendet, die als normalisierte Bildebene bezeichnet wird. Werden homogene Koordinaten verwendet, ergibt sich die Position des Bildpunktes $\mathbf{x}_{S,N}$ auf der normalisierten Bildebene gemäß:

$$\mathbf{x}_{S,N} \cong \begin{bmatrix} 1 & 0 & 0 & 0 \\ 0 & 1 & 0 & 0 \\ 0 & 0 & 1 & 0 \end{bmatrix} \cdot \mathbf{X}_C \tag{2.5}$$

Im Anschluss an die perspektivische Projektion müssen die Bildpunkte vom metrischen Sensorkoordinatensystem in das diskrete Bildkoordinatensystem[1] I überführt werden. Hierbei sind im Wesentlichen zwei Punkte zu berücksichtigen. Zum einen liegt der Ursprung des Bildkoordinatensystems in der linken oberen Ecke (vgl. Abbildung 2.1), sodass eine Verschiebung des Koordinatenursprungs durchgeführt werden muss. Zum anderen tritt eine Skalierung entlang der Koordinatenachsen auf. Diese Koordinatentransformation kann in homogenen Koordinaten durch eine affine Transformation der Form

$$\mathbf{x}_I = \mathbf{K} \cdot \mathbf{x}_{S,N} \tag{2.6}$$

dargestellt werden, wobei die Kalibriermatrix

$$\mathbf{K} = \begin{bmatrix} f_x & s & c_x \\ 0 & f_y & c_y \\ 0 & 0 & 1 \end{bmatrix} \tag{2.7}$$

die sogenannten intrinsischen Parameter der Kamera beinhaltet. Im Einzelnen sind dies die Position $\mathbf{c} = (c_x, c_y)^{\mathsf{T}}$ des Kamerahauptpunktes bezogen auf den Ursprung

---

[1]Um eine übersichtlichere Darstellung gewährleisten zu können, wird der Index I für Bildkoordinaten im Folgenden nicht weiter berücksichtigt. D. h. es gilt $\mathbf{x} = \mathbf{x}_I$, wenn das Koordinatensystem nicht explizit angegeben ist.

des Bildkoordinatensystems sowie die Brennweiten f_x bzw. f_y der Kamera, jeweils gemessen in Pixeln. Eine Unterscheidung der Brennweiten entlang der beiden Koordinatenachsen muss erfolgen, weil Kameras nicht notwendigerweise quadratische Pixel aufweisen. Dies führt zu unterschiedlichen Skalierungen entlang der Koordinatenachsen, was durch unterschiedliche Brennweiten beschrieben werden kann. Der Parameter s (*engl.* skew) quantifiziert den Winkel zwischen den Koordinatenachsen des Bildkoordinatensystems. Rechtwinkelige Pixel führen zu $s = 0$, was üblicherweise angenommen werden kann [Sch05].

Die Kenntnis der Kalibriermatrix $\mathbf{K}$ stellt eine wichtige Voraussetzung für zahlreiche Anwendungen dar, insbesondere wenn metrische 3D-Informationen aus den Bilddaten rekonstruiert werden sollen. Zur Schätzung der intrinsischen Kameraparameter stehen verschiedene Algorithmen (z. B. [Tsa87, Zha00]) zur Verfügung, die neben den intrinsischen Kalibrierparametern meist auch die Verzerrungsparameter[2] der verwendeten Optik mitschätzen.

Sind sowohl die intrinsischen Kameraparameter als auch die Lage der Kamera im Raum bekannt, kann ein geschlossener Zusammenhang zwischen einem Weltpunkt und dessen Korrespondenz im Bild hergestellt werden. Dieser Zusammenhang ergibt sich durch Zusammenfassen der Gleichungen 2.2, 2.5 und 2.6 zu:

$$\mathbf{x}_I = \begin{pmatrix} u_I \\ v_I \\ w_I \end{pmatrix} \cong \mathbf{K} \cdot [\mathbf{R}|\mathbf{t}] \cdot \mathbf{X}_W = \mathbf{P} \cdot \mathbf{X}_W \tag{2.8}$$

Die Matrix $\mathbf{P} \in \mathbb{R}^{3 \times 4}$ wird hierbei als Projektionsmatrix bezeichnet und stellt einen, bis auf die Skale, eindeutigen Zusammenhang zwischen einem Punkt im Weltkoordinatensystem und dessen Korrespondenz im Bild her.

Häufig werden die Koordinaten eines Punktes jedoch im euklidischen Bildkoordinatensystem benötigt. Diese ergeben sich durch Normieren der homogenen Koordinaten auf den letzten Eintrag (vgl. Anhang A.1), was im Folgenden durch die abkürzende Schreibweise

$$\mathbf{x}_I = \begin{pmatrix} x_I \\ y_I \end{pmatrix} = \Pi\left(\mathbf{X}_W\right) = \begin{pmatrix} u_I/w_I \\ v_I/w_I \end{pmatrix} \tag{2.9}$$

dargestellt werden soll. Umgekehrt kann bei gegebenem Bildpunkt $\mathbf{x}_I$ nur der Sichtstrahl, auf dem der korrespondierende Objektpunkt liegt, angegeben werden,

---

[2]Die Verzerrungsparameter beschreiben die durch die verwendeten Linsen hervorgerufene Abweichung vom idealen Lochkameramodell. Sie sind nötig um die Bilder derart umzurechnen als wären sie mit einer idealen Lochkamera aufgenommen worden. Im Rahmen dieser Arbeit wird angenommen, dass die geometrischen Verzerrungen korrigiert wurden und mit dem idealen Lochkameramodell gerechnet werden kann.

nicht jedoch dessen Entfernung zur Kamera. Die Bestimmung der 3D-Position eines Objektpunktes wird erst durch die Verwendung mehrerer Ansichten der gleichen Szene ermöglicht.

2.2 Modell eines binokularen Kamerasystems

Wie im vorherigen Kapitel dargestellt wurde, handelt es sich bei der Projektion eines dreidimensionalen Weltpunktes auf die zweidimensionale Bildebene der Kamera um eine nicht bijektive Abbildung. Um die Position eines Objektpunktes zu bestimmen sind somit mehr Informationen nötig als sie von einer unbewegten, monokularen Kamera geliefert werden können.

Häufig werden zur Rekonstruktion der Szene binokulare Kamerasysteme eingesetzt, die die Szene aus unterschiedlichen Positionen aufnehmen. Sind keine bewegten Objekte vorhanden, ist es hierbei unerheblich, ob die beiden Bilder mit zwei Kameras zum gleichen Zeitpunkt, einem sogenannten Stereokamerasystem (vgl. [Sch05]), oder mit einer bewegten Kamera zu unterschiedlichen Zeitpunkten aufgenommen werden, was in der Literatur als Struktur aus Bewegung (*engl.* Structure-from-Motion (SFM)) bezeichnet wird (vgl. [DSTT00, VH08]). Wichtig ist lediglich, dass die relative Lage der beiden Kameras zueinander sowie korrespondierende Punkte in beiden Bildern bekannt sind. Ist dies der Fall, kann die Geometrie der Szene durch Triangulation rekonstruiert werden.

Im Folgenden sollen die geometrischen Beziehungen zwischen zwei unterschiedlichen Ansichten einer statischen Szene sowie die sich daraus ergebenden Bedingungen für korrespondierende Bildpunkte zusammengefasst werden. Weitere Details sowie die Herleitung dieser Zusammenhänge sind beispielsweise in [FL04, Sch05, HZ08] zu finden.

Binokulare Kamerasysteme bestehen aus zwei nicht notwendigerweise identischen Kameras, welche im Folgenden durch die Indizes A und B gekennzeichnet werden sollen. Jede dieser Kameras kann, wie in Kapitel 2.1 dargestellt, durch ihre Projektionsmatrix $\mathbf{P}_A$ bzw. $\mathbf{P}_B$ beschrieben werden. Für den allgemeinsten Fall zweier Kameras mit unterschiedlicher intrinsischer Kalibrierung und beliebiger Position und Orientierung im Raum ergeben sich diese zu:

$$\mathbf{P}_A = \mathbf{K}_A \cdot [\mathbf{R}_A | \mathbf{t}_A] \tag{2.10}$$

$$\mathbf{P}_B = \mathbf{K}_B \cdot [\mathbf{R}_B | \mathbf{t}_B] \tag{2.11}$$

Ohne Beschränkung der Allgemeinheit wird zur Beschreibung der geometrischen Beziehungen zwischen den beiden Kameras die Annahme getroffen, dass das Koordinatensystem von Kamera A mit dem Weltkoordinatensystem übereinstimmt.

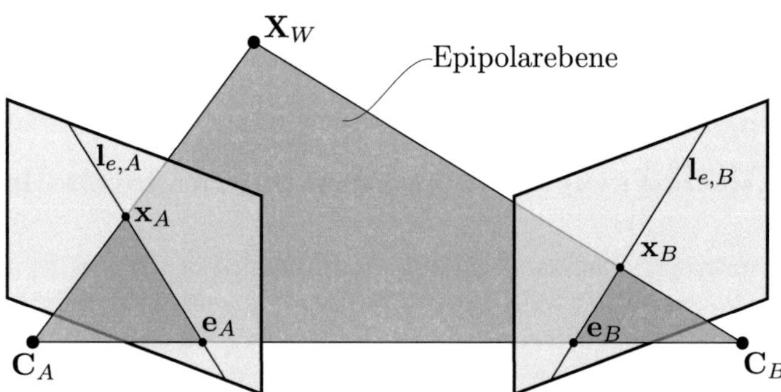

Abbildung 2.2: Epipolargeometrie eines binokularen Kamerasystems. Die beiden Projektionszentren der Kameras $\{\mathbf{C}_A, \mathbf{C}_B\}$, der Objektpunkt $\mathbf{X}_W$ sowie die beiden Bildpunkte $\mathbf{x}_A$ bzw. $\mathbf{x}_B$ liegen in der gemeinsamen Epipolarebene.

Dies liefert die vereinfachte Projektionsmatrix $\mathbf{P}_A = \mathbf{K}_A \cdot [\mathbf{I}|\mathbf{0}]$, die extrinsischen Parameter $\{\mathbf{R}_B, \mathbf{t}_B\}$ beschreiben in diesem Falle die Lage von Kamera B relativ zum Koordinatensystem von Kamera A.

Die geometrischen Beziehungen zwischen zwei Ansichten der gleichen statischen Szene werden vollständig durch die sogenannte Epipolargeometrie beschrieben. Die sich daraus ergebenden Bedingungen für korrespondierende Bildpunkte sind unabhängig von der Struktur der Szene und hängen lediglich von den intrinsischen Kameraparametern sowie der relativen Lage beider Kameras zueinander ab (vgl. [Res03, HZ08]).

Aus Abbildung 2.2 ist ersichtlich, dass der Verbindungsvektor zwischen den beiden Kameras, die sogenannte Basislinie, die Bildebenen schneidet. Die sich hierbei ergebenden Schnittpunkte werden als Epipole $\mathbf{e}_A$ bzw. $\mathbf{e}_B$ bezeichnet. Ihre Lage ist lediglich von der relativen Anordnung der Kameras zueinander, nicht jedoch vom betrachteten Objektpunkt, abhängig[3]. Weiterhin ist ersichtlich, dass die beiden Kamerazentren und ein beliebiger Objektpunkt $\mathbf{X}_W$ eine gemeinsame Ebene, die sogenannte Epipolarebene, aufspannen. Die Schnittgeraden zwischen der Epipolarebene und den beiden Bildebenen werden als Epipolarlinien $\mathbf{l}_{e,A}$ bzw. $\mathbf{l}_{e,B}$ bezeichnet. Unabhängig vom betrachteten Weltpunkt, beinhaltet die Epipolarebene stets die Basislinie zwischen den beiden Kamerazentren. Daraus resultiert, dass alle Epipolarlinien durch die jeweiligen Epipole verlaufen müssen. Da sich die Sichtstrahlen zwischen dem Objektpunkt und den beiden Kamerazentren ebenfalls

---

[3]Je nach verwendeter Kamerakonfiguration schneidet die Basislinie die Bildebenen nicht. Die resultierenden Epipole liegen in diesem Fall außerhalb des sichtbaren Bildbereichs.

in der Epipolarebene befinden, müssen die mit dem Weltpunkt korrespondierenden Bildpunkte auf den Epipolarlinien liegen.

Die Epipolargeometrie liefert dementsprechend einen Zusammenhang $\mathbf{x}_A \mapsto \mathbf{l}_{e,B}$ bzw. $\mathbf{x}_B \mapsto \mathbf{l}_{e,A}$ zwischen einem Punkt in einem der beiden Bilder und dessen korrespondierender Epipolarlinie im jeweils anderen Bild der Szene.

Eine algebraische Beschreibung der Epipolargeometrie kann im Falle kalibrierter Kameras, d. h. bei bekannten intrinsischen Kameraparametern, durch die sogenannte essentielle Matrix erfolgen. Anhand dieser kann ein impliziter Zusammenhang gemäß

$$\mathbf{x}_{S,B}^\mathsf{T} \cdot \mathbf{E} \cdot \mathbf{x}_{S,A} = 0 \tag{2.12}$$

zwischen zwei korrespondierenden Punkten $\mathbf{x}_{S,A} \leftrightarrow \mathbf{x}_{S,B}$ in den Sensorkoordinatensystemen der beiden Kameras definiert werden, wobei $\mathbf{E} = [\mathbf{t}_B]_\times \cdot \mathbf{R}_B \in \mathbb{R}^{3\times3}$ die essentielle Matrix bezeichnet. Diese kann berechnet werden, wenn die relative Lage der beiden Kameras zueinander bekannt ist. Hierbei spielt die Länge des Translationsvektors keine Rolle, sodass sich insgesamt fünf Freiheitsgrade ergeben. Umgekehrt kann bei gegebener essentieller Matrix die relative Lage der beiden Kameras zueinander rekonstruiert[4] werden. Aufgrund der Tatsache, dass die essentielle Matrix eine Größe des projektiven Raumes darstellt und deshalb nur bis auf einen Skalierungsfaktor definiert ist, kann jedoch lediglich die Richtung, nicht aber die Länge des Translationsvektors bestimmt werden [Sch05].

Eine ähnliche Beziehung kann auch für den unkalibrierten Fall, d. h. den Fall dass die Punkte im Bildkoordinatensystem gegeben sind, hergeleitet werden. Zwischen Punkten im Sensorkoordinatensystem der Kamera und Punkten im Bildkoordinatensystem besteht der nach Gleichung 2.6 definierte Zusammenhang. Wird dieser in Gleichung 2.12 eingesetzt, ergibt sich für korrespondierende Bildpunkte $\mathbf{x}_A \leftrightarrow \mathbf{x}_B$ die Epipolarbedingung [HZ08]:

$$\mathbf{x}_B^\mathsf{T} \cdot \mathbf{F} \cdot \mathbf{x}_A = 0 \tag{2.13}$$

Hierin bezeichnet $\mathbf{F} = \mathbf{K}_B^{-\mathsf{T}} \cdot \mathbf{E} \cdot \mathbf{K}_A^{-1} \in \mathbb{R}^{3\times3}$ die Fundamentalmatrix, welche eine vollständige Beschreibung der Epipolargeometrie in Pixelkoordinaten ermöglicht.

Gleichung 2.13 drückt aus, dass der zu einem Bildpunkt in einer Ansicht korrespondierende Punkt in der anderen Ansicht der Szene auf der korrespondierenden Epipolarlinie liegen muss. Sind Bildpunkte gegeben, können die zugehörigen Epipolarlinien im jeweils anderen Bild mithilfe der Fundamentalmatrix gemäß $\mathbf{l}_{e,B} = \mathbf{F} \cdot \mathbf{x}_A$ bzw. $\mathbf{l}_{e,A} = \mathbf{F}^\mathsf{T} \cdot \mathbf{x}_B$ berechnet werden [HZ08].

---

[4]Die Zerlegung der essentiellen Matrix liefert vier mögliche Anordnungen für die beiden Kameras (vgl. [HZ08]). Eine einzelne Punktkorrespondenz zwischen den beiden Ansichten reicht jedoch aus, um die Anordnung der beiden Kameras eindeutig (bis auf die Skale) zu rekonstruieren.

Hauptanwendungsgebiet der Epipolargeometrie ist die Stereoanalyse von Bildern zur Rekonstruktion der Struktur der Szene. Hierbei wird ausgenutzt, dass korrespondierende Bildpunkte die Epipolarbedingung erfüllen müssen, wodurch sich der Suchraum für Korrespondenzen auf eine Dimension, entlang der Epipolarlinie, reduziert. Eine weitere Vereinfachung der Korrespondenzsuche kann durch die Verwendung rektifizierter Stereokamerasysteme erreicht werden. Hierbei handelt es sich um achsparallele Systeme, bei denen die beiden Kameras lediglich horizontal verschoben sind und identische intrinsische Parameter aufweisen. Die Korrespondenzsuche wird in diesem Falle dahingehend vereinfacht, dass korrespondierende Punkte in der gleichen Bildzeile liegen und somit nur in horizontaler Richtung nach Korrespondenzen gesucht werden muss. Die resultierende Verschiebung korrespondierender Punkte zwischen den beiden Ansichten wird als Disparität bezeichnet und repräsentiert die Tiefe des korrespondierenden 3D-Punktes.

In der Praxis sind solche Anordnungen allerdings nur schwer umsetzbar. Sind die intrinsischen und extrinsischen Kameraparameter bekannt, ist es jedoch möglich die Eingangsbilder derart umzurechnen, als wären sie mit einem rektifizierten Kamerapaar aufgenommen worden (vgl. [LZ99, Ora01]). Bei einer planaren Rektifizierung hängt die Größe der resultierenden Bilder jedoch von der Lage der Epipole in den Ursprungsbildern ab. Je näher sich die Epipole am sichtbaren Bereich des Bildes befinden, desto größer werden die rektifizierten Bilder. Befinden sich die Epipole innerhalb des sichtbaren Bildbereiches, ist mit solchen Ansätzen keine Rektifizierung möglich, da dies zu unendlich großen Bildern führen würde [PKG99, Ora01, LTL08]. Hieraus resultieren Einschränkungen in der Anwendbarkeit zahlreicher Algorithmen, da häufig rektifizierte Kamerabilder vorausgesetzt werden.

2.3 Modell eines trinokularen Kamerasystems

Die geometrischen Beziehungen zwischen drei Ansichten einer statischen Szene werden vollständig durch die sogenannte Trifokalgeometrie beschrieben, welche als Erweiterung der Epipolargeometrie angesehen werden kann. Ist die Trifokalgeometrie zwischen den Ansichten bekannt, lassen sich einerseits Bedingungen für korrespondierende Punkte in den drei Kamerabildern aufstellen. Andererseits ist es möglich synthetische Bilder der Szene zu erzeugen, ohne die Struktur der Szene explizit zu bestimmen. Hierzu sind lediglich die Projektionsmatrizen der drei Kameras sowie korrespondierende Punkte in zwei der drei Ansichten notwendig.

Im Folgenden werden die geometrischen Beziehungen, die sich zwischen drei Ansichten einer statischen Szene ergeben, kurz zusammengefasst. Eine detaillierte

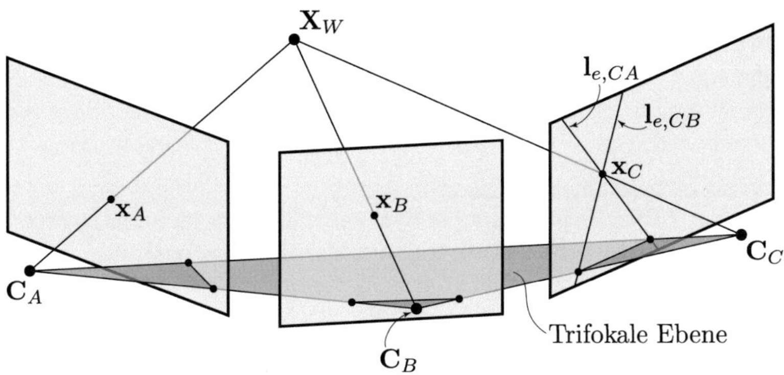

Abbildung 2.3: Veranschaulichung der Trifokalgeometrie zwischen drei Ansichten einer Szene. Unter Berücksichtigung der Epipolargeometrie kann für eine Punktkorrespondenz $\mathbf{x}_A \leftrightarrow \mathbf{x}_B$ der korrespondierende Bildpunkt $\mathbf{x}_C$ in der dritten Ansicht bestimmt werden.

Beschreibung dieser Zusammenhänge sowie deren Herleitung ist beispielsweise [Res03, HZ08, Nor11] zu entnehmen.

Abbildung 2.3 zeigt exemplarisch drei Kameras in allgemeiner Anordnung, welche im Folgenden durch die Indizes A, B und C unterschieden werden sollen und verschiedene Ansichten einer statischen Szene liefern. Die geometrischen Beziehungen zwischen jeweils zwei der drei Ansichten können durch die zugrunde liegende Epipolargeometrie beschrieben werden. Anhand dieser ist es möglich, für einen Punkt in einer Ansicht dessen Epipolarlinie in der jeweils anderen Ansicht der Szene zu bestimmen und somit eine Aussage über die Lage des korrespondierenden Bildpunktes in dieser Ansicht zu treffen.

Basierend auf der Epipolargeometrie zwischen zwei Ansichten kann die Lage des korrespondierenden Punktes jedoch nur auf eine Linie beschränkt werden. Um eine eindeutige Bestimmung des Bildpunktes zu ermöglichen sind demnach zusätzliche Informationen erforderlich. Diese ergeben sich beispielsweise durch Berücksichtigung einer dritten Ansicht der Szene, wodurch die Lage des Punktes weiter eingeschränkt wird. Die sich daraus ergebenden Zusammenhänge korrespondierender Bildpunkte in drei Ansichten sind exemplarisch in Abbildung 2.3 veranschaulicht.

Hierbei stellen die beiden Punkte $\mathbf{x}_A$ und $\mathbf{x}_B$ die Projektionen des Objektpunktes $\mathbf{X}_W$ auf die Bildebenen der beiden Kameras A und B dar. Ist die Epipolargeometrie zwischen den Ansichten bekannt, können die Epipolarlinien $\mathbf{l}_{e,CA}$ und $\mathbf{l}_{e,CB}$ dieser beiden Punkte in der dritten Ansicht der Szene bestimmt werden. Der mit dem Objektpunkt $\mathbf{X}_W$ korrespondierende Bildpunkt in dieser Ansicht ist demnach durch den Schnittpunkt $\mathbf{x}_C = \mathbf{l}_{e,CA} \times \mathbf{l}_{e,CB}$ der beiden Epipolarlinien gegeben (vgl. Abbildung 2.3). Somit kann bei gegebener Epipolargeometrie der mit einer Punktkorrespondenz in zwei Ansichten korrespondierende Punkt in der dritten Ansicht bestimmt werden, ohne zuvor den 3D-Objektpunkt $\mathbf{X}_W$ zu rekonstruieren.

Dieser als Epipolartransfer (*engl.* epipolar transfer) bezeichnete Prozess versagt jedoch, wenn die optischen Zentren der Kameras entlang einer Linie angeordnet sind. Ein weiterer degenerierter Fall tritt auf, wenn der 3D-Objektpunkt $\mathbf{X}_W$ in der trifokalen Ebene liegt, die durch die Projektionszentren $\{\mathbf{C}_A, \mathbf{C}_B, \mathbf{C}_C\}$ der Kameras aufgespannt wird (vgl. Abbildung 2.3). Für solche Punkte ergeben sich im Bild der dritten Kamera identische Epipolarlinien, sodass kein eindeutiger Schnittpunkt berechnet werden kann [FL04].

Diese Singularitäten bei der Bestimmung des korrespondierenden Bildpunktes können durch die Verwendung des sogenannten Trifokaltensors vermieden werden. Ist dieser bekannt, kann der Bildpunkt in der dritten Ansicht bei einer gegebenen Punktkorrespondenz zwischen den beiden anderen Ansichten für beliebige Kameraanordnungen bestimmt werden [HZ08].

Die Bestimmung des Trifokaltensors kann hierbei auf unterschiedliche Weise erfolgen. Zum einen kann dieser anhand korrespondierender Bildpunkte zwischen den drei Ansichten geschätzt werden. Zum anderen lässt sich der Trifokaltensor basierend auf den Projektionsmatrizen

$$\mathbf{P}_A = \mathbf{K}_A \cdot [\mathbf{R}_A | \mathbf{t}_A] \tag{2.14}$$

$$\mathbf{P}_B = \mathbf{K}_B \cdot [\mathbf{R}_B | \mathbf{t}_B] \tag{2.15}$$

$$\mathbf{P}_C = \mathbf{K}_C \cdot [\mathbf{R}_C | \mathbf{t}_C] \tag{2.16}$$

der Kameras berechnen. $\mathbf{K}$ bezeichnet hierbei die intrinsischen Kameraparameter, die Position und Orientierung der Kamera im Raum ist durch die extrinsischen Parameter $\{\mathbf{R}, \mathbf{t}\}$ definiert.

Sind die Projektionsmatrizen der drei Kameras bekannt, können die einzelnen Komponenten des Trifokaltensors $\mathcal{T} \in \mathbb{R}^{3 \times 3 \times 3}$ gemäß

$$\mathcal{T}_l^{qr} = (-1)^{l+1} \cdot \det \begin{pmatrix} \neg \mathbf{P}_A^l \\ \mathbf{P}_B^q \\ \mathbf{P}_C^r \end{pmatrix} \tag{2.17}$$

mit $q, r, l \in \{1, 2, 3\}$ bestimmt werden. Hierin bezeichnet $\neg \mathbf{P}_A^l$ die Matrix, die sich ergibt wenn aus der Projektionsmatrix $\mathbf{P}_A$ die l-te Zeile entfernt wird. $\mathbf{P}_B^q$ und $\mathbf{P}_C^r$ repräsentieren die q-te Zeile der Projektionsmatrix $\mathbf{P}_B$ bzw. die r-te Zeile der Matrix $\mathbf{P}_C$ (vgl. [HZ08]).

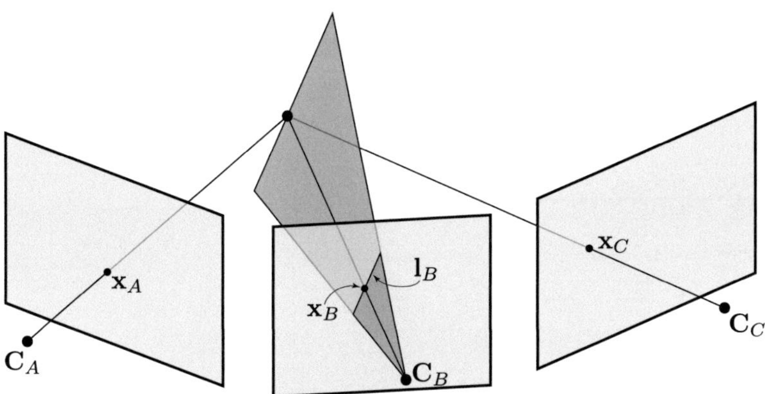

Abbildung 2.4: Transfer einer Punktkorrespondenz $\mathbf{x}_A \leftrightarrow \mathbf{x}_B$ in das Kamerabild der dritten Ansicht unter der Annahme, dass der Trifokaltensor $\mathcal{T}$ zwischen den drei Ansichten bekannt ist.

Bei gegebenem Trifokaltensor können geometrische Größen (z. B. Punkte oder Linien) zwischen den einzelnen Ansichten transferiert werden. Abbildung 2.4 veranschaulicht exemplarisch den Transfer einer Punktkorrespondenz $\mathbf{x}_A \leftrightarrow \mathbf{x}_B$ in die dritte Ansicht der Szene. Dieser Transfer erfolgt, indem eine beliebige Linie $\mathbf{l}_B$ durch den Bildpunkt $\mathbf{x}_B$ in den dreidimensionalen Raum zurückprojiziert wird. Die sich daraus ergebende Ebene induziert eine Homografie zwischen den Ansichten A und C anhand derer der Transfer erfolgen kann [HZ08].

Algebraisch kann der Zusammenhang zwischen einer Punktkorrespondenz $\mathbf{x}_A \leftrightarrow \mathbf{x}_B$ in zwei Ansichten sowie deren korrespondierendem Bildpunkt $\mathbf{x}_C$ in der dritten Ansicht der Szene durch

$$\mathbf{x}_C^r = \mathbf{x}_A^l \cdot \mathbf{l}_{B,q} \cdot \mathcal{T}_l^{qr} \tag{2.18}$$

mit $q, r, l \in \{1, 2, 3\}$ beschrieben werden. Die Linie $\mathbf{l}_B$ durch den Bildpunkt $\mathbf{x}_B$ wird hierbei meist so gewählt, dass sie senkrecht zur Epipolarlinie ausgerichtet ist. Ein ähnlicher Zusammenhang kann auch aufgestellt werden, um korrespondierende Linien zwischen den Ansichten zu transferieren. Dieser ist der Literatur (z. B. [HZ08]) zu entnehmen und soll hier nicht weiter betrachtet werden.

Mögliche Anwendungen der Trifokalgeometrie bestehen beispielsweise in der Rekonstruktion der dreidimensionalen Struktur der Szene. In [Fal97] wurde gezeigt, dass die Genauigkeit des Umfeldmodells gegenüber einer Rekonstruktion anhand eines Stereokamerasystems deutlich verbessert werden kann, wenn die Informationen dreier Kameras bei der Rekonstruktion berücksichtigt werden. Weiterhin ermöglicht die Trifokalgeometrie die Erzeugung synthetischer Ansichten einer Szene anhand einer zuvor durchgeführten Stereoanalyse zwischen zwei Bildern [Sch05].

3 Bewegungsanalyse in Bildsequenzen

Neben der 3D-Geometrie spielt die Bewegung eine wichtige Rolle bei der Interpretation der Umgebung. Daher basieren, insbesondere in der Robotik, zahlreiche Verfahren zur Umfeldwahrnehmung auf der Analyse der Bewegung in der Bildebene. Diese lässt Rückschlüsse über die eigene Bewegung, die Bewegung von Objekten sowie die Geometrie des Umfeldes zu. Während Anwendungen wie die Eigenbewegungsschätzung bereits mit wenigen Bewegungsvektoren gute Ergebnisse liefern, sind dichte Bewegungsvektorfelder für die Rekonstruktion der Szene mithilfe einer bewegten, monokularen Kamera von entscheidender Bedeutung. Basierend auf der Umfeldgeometrie sowie den vorhandenen Bewegungen kann beispielsweise zwischen statischen und dynamischen Objekten unterschieden werden, was eine wichtige Voraussetzung für die kollisionsfreie Navigation autonomer Roboter in unbekannten Umgebungen darstellt.

Zur Analyse dynamischer Prozesse reicht die Betrachtung einzelner Bilder nicht aus. Sollen Bewegungen detektiert und analysiert werden ist demnach die Betrachtung von Bildsequenzen erforderlich. Die Entstehung von Bewegungsvektorfeldern sowie deren Repräsentation durch den optischen Fluss wird in Kapitel 3.1 näher beschrieben. Weiterhin werden Probleme erläutert, die bei der Analyse von Bewegungen in Bildsequenzen auftreten können. Kapitel 3.2 beschreibt die zur Schätzung des optischen Flusses üblicherweise getroffenen Annahmen. Darauf aufbauend werden die grundlegenden Verfahren zur Bewegungsanalyse kurz dargestellt sowie deren jeweilige Vor- und Nachteile erläutert. Abschließend werden in Kapitel 3.3 die wichtigsten Eigenschaften der Verfahren kurz zusammengefasst.

3.1 Grundlagen der Bewegungsanalyse

Die Bewegung von Objekten sowie die Eigenbewegung der Kamera führen zu einem 3D-Bewegungsvektorfeld im Raum. Dieses wird durch die Kamera auf die Bildebene projiziert und liefert dort ein korrespondierendes 2D-Bewegungsvektorfeld. Eine direkte Beobachtung der Bewegung in der Bildebene ist jedoch nicht möglich. Vielmehr führt die Bewegung von Punkten zu einer zeitlichen Änderung der Grauwerte $I(\mathbf{x}, k)$, welche im Bild beobachtet werden kann.

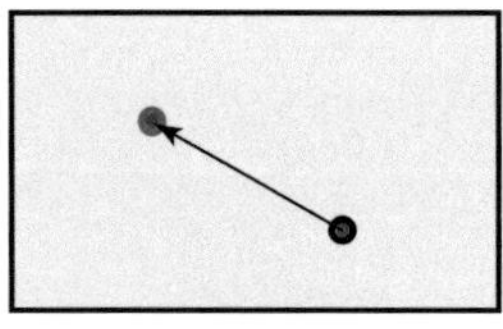

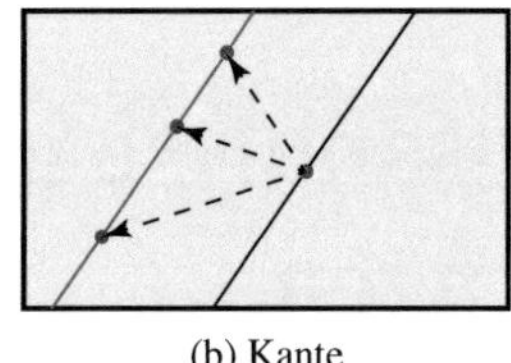

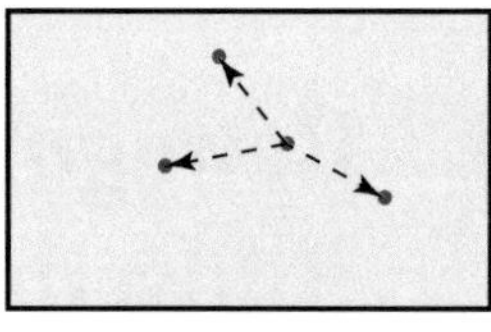

(a) Punktmerkmal   (b) Kante   (c) Homogene Fläche

Abbildung 3.1: Veranschaulichung des Aperturproblems. Punktmerkmale können in aufeinanderfolgenden Bildern eindeutig wiedergefunden werden (3.1a). Bei Punkten auf Kanten (3.1b) bzw. in homogenen Bildbereichen (3.1c) ist hingegen keine eindeutige Zuordnung von Punkten zwischen den beiden Bildern möglich (angelehnt an [Bru06]).

Basierend auf diesen Grauwertänderungen, kann die in der Bildebene sichtbare Bewegung eines Punktes $\mathbf{x}$ zwischen aufeinanderfolgenden Zeitschritten k und $k+1$ bestimmt werden, die in der Literatur als optischer Fluss bezeichnet wird [Jäh05].

Der Grauwert eines Bildpunktes sowie die Änderung des Grauwertes zwischen aufeinanderfolgenden Bildern werden jedoch nicht nur durch Bewegungen sondern auch durch zahlreiche weitere Faktoren (z. B. die Beleuchtung der Szene) beeinflusst. Im Allgemeinen muss somit zwischen dem optischen Fluss und dem tatsächlichen Bewegungsvektorfeld unterschieden werden. Dies kann am Beispiel einer rotierenden Kugel mit homogener Oberfläche veranschaulicht werden [Hor86]. Die Rotation einer nicht texturierten Kugel um eine beliebige Achse durch ihr Zentrum ruft in der Bildebene keinen optischen Fluss hervor, obwohl eine Bewegung stattfindet. Umgekehrt führt eine Positionsänderung der Lichtquelle bei ruhender Kugel zu einer Beleuchtungsänderung, welche in der Bildebene als optischer Fluss beobachtbar ist. Sind die Objektoberflächen gut texturiert, approximiert der optische Fluss die reale Bewegung jedoch ausreichend gut (vgl. [Bla92, Cam94]). Im Folgenden wird deshalb vorausgesetzt, dass die Bilder ausreichend texturiert sind und somit nicht explizit zwischen dem optischen Fluss und dem zugrunde liegenden Bewegungsvektorfeld unterschieden werden muss.

Zur Bestimmung des optischen Flusses müssen korrespondierende Punkte in aufeinanderfolgenden Bildern bestimmt werden. Üblicherweise wird hierbei die Annahme getroffen, dass sich der Grauwert eines Bildpunktes entlang seiner Trajektorie nicht ändert. Wird bei der Korrespondenzsuche jedoch lediglich eine kleiner Bereich des Bildes betrachtet, führt dies häufig zum sogenannten Aperturproblem, welches in Abbildung 3.1 veranschaulicht ist. Je nach Inhalt des betrachteten Bildausschnittes ist demnach keine eindeutige Zuordnung korrespondierender Punkte möglich, wie es beispielsweise bei Punkten auf Kanten (vgl. Abbildung 3.1b) oder in homogenen Bildbereichen (vgl. Abbildung 3.1c) der Fall ist. Merkmale mit ausreichender Textur, wie beispielsweise Grauwertecken, können hingegen eindeutig wiedererkannt werden (vgl. Abbildung 3.1a). Ein weiteres Problem, welches auch in stark texturierten Bereichen auftreten kann ist das sogenannte Korrespondenzproblem. Sind mehrere nicht unterscheidbare Bereiche (z. B. die Ecken eines Schachbrettes) in einem Bild vorhanden, kann ebenfalls keine eindeutige Zuordnung korrespondierender Punkte erfolgen.

3.2 Schätzverfahren

Zur Schätzung dichter Bewegungsvektorfelder stehen unterschiedliche Methoden zur Verfügung. Den meisten dieser Methoden liegen verschiedene Modellannahmen zugrunde, die in der Realität nicht immer erfüllt sind. Basierend auf diesen Annahmen lassen sich jedoch Bedingungen ableiten, die bei der Schätzung des optischen Flusses berücksichtigt werden können. Im Wesentlichen werden folgende Annahmen getroffen [Bru06]:

- **Grauwertkonstanz:** Korrespondierende Bildpunkte stellen definitionsgemäß die Projektionen eines Raumpunktes auf die Bildebenen zweier Kameras dar. Wird angenommen, dass einfallendes Licht von der Oberfläche eines Objektes diffus reflektiert wird, ist auch dessen Helligkeit konstant. Für die Bildpunkte, die mit dem betrachteten Objektpunkt korrespondieren, kann somit ebenfalls angenommen werden, dass sich ihre Grauwerte entlang der Bewegungstrajektorie nicht ändern. Eine wesentliche Bedingung für diese Annahme ist jedoch, dass die Beleuchtung der Szene zwischen den Aufnahmezeitpunkten konstant ist. Bei transparenten oder spiegelnden Oberflächen ist diese Annahme nicht erfüllt.

- **Räumliche Kohärenz:** Benachbarte Punkte im Bild korrespondieren mit benachbarten Punkten in der Welt. Diese liegen meist auf der gleichen Oberfläche und weisen somit ähnliche Bewegungen auf. Für den optischen Fluss bedeutet dies, dass benachbarte Flussvektoren ähnlich sind und sich das Bewegungsvektorfeld in örtlicher Richtung nur langsam ändert. Besonders an Objektgrenzen, an denen benachbarte Bildpunkte nicht auf der gleichen Oberfläche liegen, ist diese Annahme jedoch verletzt.

Im Folgenden werden zunächst die gängigsten Verfahren zur Schätzung dichter Bewegungsvektorfelder kurz vorgestellt. Im Wesentlichen sind dies gradientenbasierte Verfahren sowie regionenbasierte Verfahren. Im Anschluss daran wird noch kurz auf die merkmalsbasierten Verfahren eingegangen. Bei der Beschreibung sollen hauptsächlich die zugrunde liegenden Annahmen sowie die Vor- und Nachteile der jeweiligen Algorithmen erläutert werden. Eine ausführlichere Übersicht sowie ein Vergleich der verschiedenen Verfahren hinsichtlich ihrer Anwendbarkeit bei unterschiedlichen Umgebungsbedingungen ist in [BFB94, GMN$^+$98, SK99, BSL$^+$11] zu finden.

3.2.1 Gradientenbasierte Verfahren

Grundlage der gradientenbasierten Verfahren zur Schätzung des optischen Flusses ist die Annahme, dass sich der Grauwert eines Punktes entlang seiner Bewegungstrajektorie in der Bildebene nicht ändert. Üblicherweise ist diese Annahme nur näherungsweise erfüllt, da Beleuchtungsänderungen sowie Verdeckungen nicht modelliert werden, was für die folgenden Betrachtungen jedoch vernachlässigt werden soll.

Die Modellannahme, dass der Grauwert eines Punktes zwischen zwei aufeinanderfolgenden Aufnahmezeitpunkten k und $k+1$ konstant bleibt, kann durch

$$I\left(x, y, k\right) = I\left(x + u, y + v, k + 1\right) \tag{3.1}$$

ausgedrückt werden. Hierbei bezeichnet $\mathbf{x} = \left(x, y\right)^{\mathsf{T}}$ die Position des betrachteten Punktes im Bild und $\mathbf{u} = \left(u, v\right)^{\mathsf{T}}$ dessen Verschiebung zwischen aufeinanderfolgenden Bildern. Wird vorausgesetzt, dass lediglich kleine Bewegungen auftreten, sodass sich der Grauwert eines Bildpunktes in örtlicher und zeitlicher Richtung nur langsam ändert, kann die rechte Seite von Gleichung 3.1 durch eine Taylorreihe erster Ordnung approximiert werden, sodass sich der Zusammenhang

$$I\left(\mathbf{x}, k\right) \approx \underbrace{I\left(\mathbf{x}, k\right) + \frac{\partial I\left(\mathbf{x}, k\right)}{\partial x} \cdot u + \frac{\partial I\left(\mathbf{x}, k\right)}{\partial y} \cdot v + \frac{\partial I\left(\mathbf{x}, k\right)}{\partial k}}_{\approx I(x+u, y+v, k+1)} + \epsilon \tag{3.2}$$

ergibt [Bru06]. ϵ bezeichnet hierbei Terme höherer Ordnung, die im Folgenden nicht weiter berücksichtigt werden.

Werden für die räumlichen Ableitungen des Grauwertes die abkürzenden Schreibweisen I_x bzw. I_y und für die zeitliche Ableitung die Abkürzung I_k eingeführt, kann Gleichung 3.2 vereinfacht als

$$I_x\left(\mathbf{x}, k\right) \cdot u + I_y\left(\mathbf{x}, k\right) \cdot v + I_k\left(\mathbf{x}, k\right) = 0 \tag{3.3}$$

dargestellt werden. Dieser Zusammenhang wird meist als Kontinuitätsgleichung des optischen Flusses (*engl.* motion constraint equation [SK99] bzw. optical flow constraint equation [Hor86]) bezeichnet und stellt die Grundlage zahlreicher Verfahren zur Schätzung dichter Bewegungsvektorfelder dar.

Die zur Auswertung von Gleichung 3.3 nötigen räumlichen und zeitlichen Ableitungen des Grauwertes können direkt aus dem Bild bestimmt werden. Problematisch wirkt sich hierbei jedoch das Rauschen des Kamerasensors aus, da dieses durch die Ableitungen verstärkt wird. Um dieses Problem zu reduzieren, werden die Bilder vor der Berechnung der Ableitungen meist mithilfe eines Gauß-Filters geglättet. Die Tiefpasswirkung dieses Filters reduziert das hochfrequente Rauschen und erlaubt somit eine robustere Bestimmung der Ableitungen. Eine zu starke Glättung der Bilder kann jedoch dazu führen, dass relevante Strukturen zerstört werden und somit Details im resultierenden Bewegungsvektorfeld nicht mehr sichtbar sind [XJM12].

Anhand der Kontinuitätsgleichung des optischen Flusses kann das Aperturproblem leicht veranschaulicht werden. Wird lediglich ein Pixel betrachtet, ergibt sich eine Bedingungsgleichung für den optischen Fluss an diesem Punkt. Eine eindeutige Bestimmung beider Komponenten des Bewegungsvektors ist somit nicht möglich. Bei nicht verschwindenden Gradienten kann lediglich die Flusskomponente senkrecht zur Grauwertkante bestimmt werden. Verschwindet der Gradient, beispielsweise in homogenen Bildbereichen, kann keine Aussage über den optischen Fluss an der jeweiligen Stelle im Bild getroffen werden (vgl. [HS81, Jäh05]).

Um beide Komponenten des optischen Flusses eindeutig bestimmen zu können, sind demnach weitere Annahmen nötig. Wie bereits erwähnt wird hierbei meist angenommen, dass benachbarte Punkte ähnliche Flussvektoren aufweisen. Anhand dieser zusätzlichen Annahme kann für ausreichend texturierte Bildbereiche durch gleichzeitige Betrachtung mehrerer benachbarter Bildpunkte eine eindeutige Schätzung des optischen Flusses gewährleistet werden. Abhängig von der Größe der betrachteten Nachbarschaft können die resultierenden Algorithmen in lokale Verfahren und globale Verfahren eingeteilt werden.

3.2.1.1 Lokale Verfahren

Bei den lokalen Verfahren (z. B. [LK81]) wird angenommen, dass der optische Fluss innerhalb eines kleinen Bereiches $\mathcal{R}$ um den betrachteten Bildpunkt konstant ist. Innerhalb dieses Bereiches kann die Kontinuitätsgleichung für jeden Punkt aufgestellt und ausgewertet werden. Im Allgemeinen stehen somit mehr Gleichungen als Unbekannte zur Verfügung, sodass ein überbestimmtes Gleichungssystem entsteht, anhand dessen der unbekannte Bewegungsvektor bestimmt werden kann.

Die Annahme konstanter Flussvektoren innerhalb des betrachteten Bereiches ist jedoch nur näherungsweise erfüllt. Üblicherweise steigt der Fehler im optischen

Fluss zwischen dem betrachteten Punkt und den verbleibenden Bildpunkten innerhalb der Nachbarschaft mit zunehmendem Abstand der Punkte zum Zentrum. Um dies bei der Schätzung zu berücksichtigen, wurde in [LK81] vorgeschlagen den Einfluss der Punkte innerhalb der betrachteten Nachbarschaft in Abhängigkeit von ihrem Abstand zum Zentrum zu gewichten. Hierfür wird die Maske $w\left(\mathbf{x}\right)$ eingeführt, die die Gewichte der einzelnen Pixel beinhaltet. Die Schätzung des Flussvektors ergibt sich somit als Lösung des Minimierungsproblems

$$\widehat{\mathbf{u}} = \underset{\mathbf{u}}{\text{minimize}} \left\{ \sum_{\mathbf{x} \in \mathcal{R}} w^2\left(\mathbf{x}\right) \cdot \left[I_x\left(\mathbf{x}, k\right) \cdot u + I_y\left(\mathbf{x}, k\right) \cdot v + I_k\left(\mathbf{x}, k\right) \right]^2 \right\}. \quad (3.4)$$

Dieses Optimierungsproblem kann derart umgeformt werden, dass sich eine in den zu optimierenden Parametern $\{u, v\}$ lineare Gleichung ergibt, deren Lösung mithilfe der Methode der kleinsten Fehlerquadrate geschlossen bestimmt werden kann [BFB94, SKHD05].

Abhängig von der Grauwertstruktur innerhalb des betrachteten Bereiches tritt weiterhin das Aperturproblem auf. Liegt die betrachtete Region auf einer Kante oder in einem homogenen Bildbereich, lässt die beschriebene Methode keine eindeutige Schätzung des optischen Flusses zu. Somit ist mit lokalen Verfahren im Allgemeinen keine Schätzung dichter Bewegungsvektorfelder möglich. Weiterhin gilt die in Gleichung 3.2 durchgeführte Linearisierung nur für kleine Verschiebungen, typischerweise kleiner als ein Pixel, sodass große Flussvektoren nur schwer handhabbar sind.

Das Problem großer Flussvektoren kann reduziert werden, indem Multiskalenansätze verwendet werden. Hierbei wird zunächst eine Bildpyramide erstellt, welche eine Darstellung des Bildes im Skalenraum ermöglicht (vgl. [BA83]). Jede Ebene der Pyramide repräsentiert eine Version des Bildes, wobei die Auflösung mit steigender Pyramidenstufe reduziert wird. Zur Berechnung neuer Pyramidenstufen ist es ausreichend, eine Unterabtastung der jeweils vorhergehenden Stufe durchzuführen. Hochfrequente Signalanteile im Bild müssen hierbei jedoch explizit berücksichtigt werden. Dies geschieht, indem das Bild vor der Unterabtastung mit einem geeigneten Filter (z. B. Gauß-Filter) geglättet wird [Jäh05].

Bei der Schätzung des optischen Flusses im Skalenraum werden zunächst die Bewegungsvektoren für die gröbste Pyramidenstufe bestimmt, wobei davon ausgegangen wird, dass die Flussvektoren in dieser Stufe ausreichend klein sind, sodass die in Gleichung 3.2 durchgeführte Approximation gilt. Anhand dieser Flussvektoren können die korrespondierenden Flussvektoren für die nächste Stufe berechnet und basierend auf einer höher aufgelösten Version des Bildes verfeinert werden. Nachdem alle Stufen der Pyramide durchlaufen wurden, steht eine Flussschätzung für die Originalauflösung des Bildes zur Verfügung.

Üblicherweise können durch die Verwendung von Multiskalenansätzen genauere Flussvektoren bestimmt werden, als es ohne die Verwendung solcher Techniken möglich ist. Dies geht jedoch mit zahlreichen zusätzlichen Verarbeitungsschritten einher. Neben der Berechnung der Bildpyramide müssen für jede Ebene die Bewegungsvektoren geschätzt werden, wodurch sich der Aufwand erhöht.

3.2.1.2 Globale Verfahren

Eine weitere Klasse von Methoden zur Schätzung des optischen Flusses sind die sogenannten globalen Verfahren, die in [HS81] erstmals vorgestellt wurden. Im Gegensatz zu den lokalen Verfahren, bei denen die Schätzung des optischen Flusses auf der Auswertung eines kleinen Bereiches um den betrachteten Bildpunkt beruht, wird bei den globalen Verfahren ein Energiefunktional über den gesamten Bildbereich $\Omega \subset \mathbb{R}^2$ optimiert. Dieses besteht im Allgemeinen aus einem Datenterm E_D sowie einem Glattheitsterm E_S, der häufig auch als Regularisierung bezeichnet wird. Die Kombination beider Terme führt zu einem Energiefunktional der Form

$$E\left(\mathbf{u}\right) = \int_\Omega E_D\left(\mathbf{u}\right) + \alpha \cdot E_S\left(\mathbf{u}\right) d\mathbf{x}, \tag{3.5}$$

wobei α einen Gewichtungsfaktor darstellt, der die Glattheit des resultierenden Bewegungsvektorfeldes beeinflusst. Die Schätzung des Flussfeldes $\mathbf{u}$ basiert auf den korrespondierenden Euler-Lagrange-Gleichungen, anhand derer mithilfe der Variationsrechnung eine numerische Minimierung des Energiefunktionals durchgeführt werden kann.

Während dem Datenterm die Annahme zugrunde liegt, dass sich ein im Bild beobachtbares Merkmal (z. B. der Grauwert eines Bildpunktes) zwischen aufeinanderfolgenden Bildern nicht ändert, repräsentiert der Glattheitsterm Modellannahmen über das resultierende Flussfeld. Üblicherweise wird hierbei, unter der Annahme räumlicher Kohärenz, von räumlich langsam veränderlichen Bewegungsvektorfeldern ausgegangen [Bru06].

Basierend auf der Annahme, dass der Grauwert eines Bildpunktes entlang seiner Bewegungstrajektorie konstant bleibt, kommt als Datenterm häufig die Kontinuitätsgleichung des optischen Flusses zur Anwendung. Hieraus resultieren jedoch zwei wesentliche Nachteile. Zum einen gilt die Kontinuitätsgleichung nur für kleine Verschiebungen, sodass große Verschiebungsvektoren mit globalen Ansätzen nur dann bestimmt werden können, wenn die in Kapitel 3.2.1.1 bereits beschriebenen Multiskalenansätze verwendet werden [BBM09]. Zum anderen ist die Annahme konstanter Grauwerte häufig nur näherungsweise erfüllt.

Generell besteht jedoch die Möglichkeit, das Energiefunktional um beliebige Terme zu erweitern. So wird beispielsweise in [BBPW04] ein Algorithmus beschrieben, bei dem neben der Grauwertkonstanz zusätzlich gefordert wird, dass die Grauwertgradienten an korrespondierenden Punkten ähnlich sind. Dies führt insbesondere bei wechselnden Beleuchtungsverhältnissen zu besseren Ergebnissen. Ein ähnlicher Ansatz zur Verbesserung der Robustheit gegenüber Beleuchtungsänderungen wird in [MRR$^+$11] beschrieben. Anstatt im Energiefunktional konstante Grauwerte korrespondierender Pixel zu fordern, werden hier die Census-Deskriptoren (vgl. Kapitel 3.2.3) innerhalb des Datenterms verwendet.

Allgemein erlauben globale Verfahren die Schätzung dichter Flussfelder, sodass auch in homogenen Bildbereichen, in denen mit lokalen Verfahren kein optischer Fluss bestimmt werden kann, Bewegungsinformation zur Verfügung steht. Dies wird durch die Verwendung der Regularisierungsterme ermöglicht. Anhand derer können Flussvektoren die in ausreichend texturierten Bildbereichen bestimmt werden konnten, in untexturierte Bereiche propagiert werden.

Durch die Glattheitsterme ergeben sich jedoch auch wesentliche Nachteile globaler Verfahren. Die üblicherweise verwendeten Regularisierungsterme modellieren eine konstante Bewegung benachbarter Bildpunkte. Abweichungen von dieser Modellannahme resultieren in einem Einfluss auf das zu minimierende Energiefunktional. Benachbarte Bildpunkte weisen beispielsweise dann eine konstante Bewegung auf, wenn sich eine zur Bildebene frontoparallele Ebene rein translatorisch entlang der X_C- bzw. Y_C-Achse des Kamerakoordinatensystems bewegt. Bewegt sich diese Ebene hingegen auf die Kamera zu oder von der Kamera weg, resultiert daraus ein nicht konstantes Bewegungsvektorfeld im Bild. Hieraus ergibt sich, dass die verwendeten Regularisierungsterme meist nicht gültig sind und zu einer Bestrafung zulässiger Bewegungen in der Bildebene führen [KTW08].

Wesentlich stärker wirkt sich die Annahme näherungsweise konstanter Flussfelder jedoch an Objektgrenzen aus. Hier sind typischerweise starke Änderungen im Bewegungsvektorfeld vorhanden. Diese Diskontinuitäten im Bewegungsvektorfeld werden durch die verwendeten Regularisierungsterme häufig nur unzureichend modelliert. Aufgrund der daraus resultierenden Glättung sind bei Verwendung globaler Verfahren fehlerhafte Bewegungsvektoren entlang von Objektgrenzen zu erwarten.

Um das Problem der Glättung an Objektgrenzen zu reduzieren stehen verschiedene Verfahren zur Verfügung, die weitere Annahmen über die Glattheit der Bewegungsvektorfelder treffen, wodurch sich unterschiedliche Regularisierungsterme ergeben (z. B. [Sch93, Sch94, Wei98, AWS00, PBB$^+$06]). Diese Verfahren können in die beiden Klassen datengetrieben und flussgetrieben eingeteilt werden, auf die hier nicht weiter eingegangen werden soll. Eine ausführliche Übersicht häufig verwendeter Daten- und Glattheitsterme sowie eine Evaluation der daraus resultierenden Schätzverfahren ist beispielsweise in [WBBP06] zu finden.

3.2.2 Regionenbasierte Verfahren

Die im vorherigen Kapitel beschriebenen gradientenbasierten Verfahren zur Bestimmung des optischen Flusses weisen im Wesentlichen zwei Nachteile auf. Zum einen wird die numerische Berechnung der örtlichen und zeitlichen Ableitungen stark durch das Rauschen des Sensors beeinflusst, was sich insbesondere bei den globalen Verfahren negativ auf die Genauigkeit der Schätzung auswirkt [BWS02]. Zum anderen eignen sich diese Ansätze lediglich zur Schätzung kleiner Flussvektoren. Große Flussvektoren, wie sie im Bereich der Robotik auftreten, können mit den beschriebenen Verfahren nur unter Verwendung von Multiskalenansätzen geschätzt werden.

Ein weiterer Nachteil der globalen Verfahren besteht darin, dass bei der Minimierung des Energiefunktionals hochdimensionale Gleichungssysteme gelöst werden müssen [AWS00]. Der damit einhergehende Aufwand ist insbesondere bei Anwendungen, bei denen die Echtzeitfähigkeit der Algorithmen eine wichtige Rolle spielt, von entscheidender Bedeutung. In solchen Anwendungsfällen stellt die Verwendung regionenbasierter Verfahren eine Alternative zu den gradientenbasierten Verfahren dar.

Bei den regionenbasierten Verfahren (häufig auch als Block- oder Template-Matching bezeichnet) wird bei der Korrespondenzsuche ein Vergleich der Grauwerte einzelner Bildpunkte durchgeführt. Der Grauwert eines einzelnen Punktes ist als Beschreibungsmerkmal für die Korrespondenzsuche jedoch ungeeignet. Ein aussagekräftigeres Merkmal stellt die Grauwertstruktur um den betrachteten Punkt dar [Sch05]. Deshalb wird bei der Bewegungsanalyse üblicherweise ein rechteckiger Block $\mathcal{R}$ um den jeweiligen Bildpunkt betrachtet. Innerhalb dieses Blocks wird angenommen, dass alle Bildpunkte einen identischen Bewegungsvektor aufweisen. Bei der Wahl der Blockgröße muss jedoch berücksichtigt werden, dass diese Annahme mit zunehmender Größe stärker verletzt wird. Andererseits steigt der Informationsgehalt des Blocks mit seiner Größe, wodurch eine eindeutigere Zuordnung korrespondierender Bildpunkte möglich wird.

Bei der Korrespondenzsuche werden die Grauwerte innerhalb des zuvor definierten Blocks mit den Grauwerten unterschiedlicher Blöcke im Folgebild verglichen. Anstatt alle möglichen Bildpunkte zu überprüfen werden hierbei, basierend auf der Annahme eines begrenzten optischen Flusses $\mathbf{u}$, nur die Punkte innerhalb eines zuvor festgelegten Bildbereiches $\mathcal{B}$ untersucht. Dieser Suchbereich ist üblicherweise als rechteckiger Block um die Koordinate des Referenzpunktes im vorherigen Bild definiert.

Zur Bewertung der Ähnlichkeit zweier Bildregionen stehen unterschiedliche Vergleichsmaße zur Verfügung [WL08]. Während die Verschiedenheit zweier Blöcke beispielsweise durch die Summe der absoluten Differenzen (*engl.* sum of absolute differences)

$$\text{SAD}\left(\mathbf{u}\right) = \sum_{\mathbf{x}\in\mathcal{R}} \left| I_1\left(\mathbf{x}\right) - I_2\left(\mathbf{x}+\mathbf{u}\right) \right| \tag{3.6}$$

oder die Summe der quadratischen Differenzen (*engl.* sum of squared differences)

$$\text{SSD}\left(\mathbf{u}\right) = \sum_{\mathbf{x}\in\mathcal{R}} \left(I_1\left(\mathbf{x}\right) - I_2\left(\mathbf{x}+\mathbf{u}\right) \right)^2 \tag{3.7}$$

beschrieben werden kann, beschreibt der normierte Kreuzkorrelationskoeffizient (*engl.* normalized cross-correlation coefficient)

$$\text{NCC}\left(\mathbf{u}\right) = \frac{\sum_{\mathbf{x}\in\mathcal{R}} I_1\left(\mathbf{x}\right) \cdot I_2\left(\mathbf{x}+\mathbf{u}\right)}{\sqrt{\sum_{\mathbf{x}\in\mathcal{R}} I_1\left(\mathbf{x}\right)^2 \cdot \sum_{\mathbf{x}\in\mathcal{R}} I_2\left(\mathbf{x}+\mathbf{u}\right)^2}} \tag{3.8}$$

die Ähnlichkeit zweier Bildregionen. Die Schätzung des optischen Flusses erfolgt durch Bewertung aller Kandidaten innerhalb des vorgegebenen Suchbereichs $\mathcal{B}$. Der Verschiebungsvektor zwischen dem zu untersuchenden Bildpunkt und dem Kandidaten, der die höchste Ähnlichkeit aufweist entspricht dem optischen Fluss des betrachteten Punktes.

Üblicherweise werden die oben genannten Vergleichsmaße direkt auf den Intensitätswerten der Bilder ausgewertet. Insbesondere bei sich ändernden Beleuchtungsbedingungen kann dies jedoch zu fehlerhaften Flussschätzungen führen. Eine robustere Bestimmung des optischen Flusses kann meist erreicht werden, wenn die Vergleichsmaße auf vorgefilterten Bildern ausgewertet werden. Im Falle additiver Helligkeitsänderungen können beispielsweise die Gradientenbilder verwendet werden. Stehen Farbbilder für die Korrespondenzsuche zur Verfügung, kann dies die Robustheit ebenfalls positiv beeinflussen [ZL00].

Gegenüber den gradientenbasierten Verfahren besteht der Hauptvorteil der regionenbasierten Verfahren darin, dass prinzipiell beliebig große Verschiebungsvektoren bestimmt werden können. Lediglich starke perspektivische Verzerrungen der zu vergleichenden Bildblöcke, wie sie beispielsweise durch eine starke Bewegung der Kamera oder durch Objektbewegungen hervorgerufen werden können, wirken sich negativ auf das Schätzergebnis aus. Weiterhin steigt der Aufwand mit der Größe der zu erwartenden Flussvektoren. In der Robotik, wo je nach Kameraauflösung und Bewegungsgeschwindigkeit Flussvektoren mit einer Länge bis zu ca. 100 Pixel auftreten können, würde ein quadratischer Suchbereich B zu ca. 40.000 Kandidaten für jeden Bildpunkt führen, was nicht effizient berechenbar ist.

Zur Reduktion des Berechnungsaufwandes für die Korrespondenzsuche stehen prinzipiell zwei Vorgehensweisen zur Verfügung. Einerseits besteht die Möglichkeit die Berechnung des Vergleichsmaßes für jeden Punkt zu beschleunigen, wie es beispielsweise in [CHF01, CCC03, SM03, WL08] vorgeschlagen wird. Andererseits kann eine Erhöhung der Effizienz durch eine Reduktion der möglichen Kandidaten erreicht werden. Hierfür werden häufig Suchstrategien (z. B. [PM96, JC04]) eingesetzt, die lediglich einen Teil der Kandidaten innerhalb des Suchfensters überprüfen. Somit kann bei diesen Verfahren nicht garantiert werden, dass das globale Optimum innerhalb des Suchfensters gefunden wird.

3.2.3 Merkmalsbasierte Verfahren

Während die bisher beschriebenen Verfahren zur Bestimmung des optischen Flusses eine Schätzung dichter Bewegungsvektorfelder erlauben, kann mit merkmalsbasierten Verfahren lediglich die Bewegung markanter Bildpunkte bestimmt werden. Die Beschränkung auf wenige markante Punkte im Bild resultiert jedoch meist in einer zeiteffizienten Schätzung robuster Merkmalskorrespondenzen.

In der Literatur werden zahlreiche Verfahren zur Bestimmung von Merkmalskorrespondenzen zwischen unterschiedlichen Ansichten beschrieben. Diese Verfahren gliedern sich meist in zwei Teilschritte. Zunächst müssen markante Punkte im Bild detektiert werden. Anschließend werden die detektierten Punkte durch einen Merkmalsdeskriptor beschrieben, der für die Korrespondenzsuche verwendet wird.

Die beiden Teilschritte der Korrespondenzsuche sollen in den folgenden Kapiteln getrennt voneinander beschrieben werden.

3.2.3.1 Merkmalsdetektion

Zwei Eigenschaften sind für markante Punkte von entscheidender Bedeutung. Zum einen müssen Merkmalspunkte eine hohe Wiederholrate aufweisen, d. h. die gleichen Bildpunkte müssen in unterschiedlichen Bildern zuverlässig detektiert werden können. Zum anderen muss der umgebende Bildbereich aussagekräftige Eigenschaften besitzen, die eine robuste Zuordnung von Punkten ermöglichen [SMB00]. Idealerweise sollten sich diese Eigenschaften auch bei Blickwinkeländerungen oder Rotationen nur geringfügig ändern.

Merkmale, die die genannten Eigenschaften weitestgehend erfüllen, sind Ecken und sogenannte Blobs. Während sich Ecken durch starke Gradienten in unterschiedlichen Richtungen auszeichnen, sind Blobs als Bildbereiche definiert, deren Grauwerte sich stark von ihrer Umgebung abheben. Im Vergleich zu Grauwertecken beschreiben Blobs meist markantere Bildbereiche, sodass selbst bei starken Änderungen der Kameraposition die gleichen Merkmale zuverlässig detektiert werden können. Demgegenüber steht der Nachteil, dass die Lokalisierungsgenauigkeit von Blobs im Bild oft geringer ist als die von Ecken [AKB08, FS12].

In der Literatur werden zahlreiche Verfahren zur Detektion markanter Bildpunkte beschrieben. Diese liefern für jeden Bildpunkt ein Maß, anhand dessen beurteilt werden kann, ob es sich um einen markanten Bildpunkt handelt oder nicht. Zur Bestimmung der Eckenartigkeit eines Punktes wird häufig der Grauwertstrukturtensor verwendet [HS88, ST94]. Eine weitere Möglichkeit zur Detektion von Grauwertecken besteht in der Auswertung kreisförmiger Bereiche um die potentiellen Merkmalspunkte [TH98, RD06, RPD10]. Blobs werden üblicherweise durch Faltung des Bildes mit speziellen Filtern, beispielsweise dem Laplacian of Gaussian (LoG) Filter, detektiert. Diese Filterung ist rechenaufwendig, weshalb häufig vereinfachte Filtermasken zur Approximation der LoG-Funktion verwendet werden (vgl. [Low99, AKB08]), auf die hier jedoch nicht weiter eingegangen werden soll.

Für weitere Ecken- und Blob-Detektoren, die hier nicht im Detail beschrieben werden sollen, sowie einen Vergleich der unterschiedlichen Ansätze hinsichtlich ihrer Leistungsfähigkeit bei variierenden Aufnahmebedingungen sei auf die Literatur (z. B. [SMB00, GHT11]) verwiesen.

3.2.3.2 Merkmalsbeschreibung

Für eine effiziente Korrespondenzsuche muss eine kompakte und diskriminative Beschreibung der Merkmalspunkte vorhanden sein. Diese ist meist durch Merkmalsdeskriptoren gegeben, die die lokale Umgebung um die detektierten Punkte charakterisieren. Die Korrespondenzsuche erfolgt anschließend durch Vergleich der Deskriptoren unterschiedlicher Merkmalspunkte. Die gängigsten hierfür verwendeten Vergleichsmaße werden in [Hau10] beschrieben.

Die einfachste Form zur Beschreibung von Merkmalspunkten stellen die Grauwerte in einer lokalen Umgebung um den betrachteten Merkmalspunkt dar. Ein Vergleichsmaß ergibt sich für diese Art von Deskriptoren beispielsweise anhand der Summe der absoluten Differenzen zweier Deskriptoren (vgl. Kapitel 3.2.2). Die direkte Verwendung der Intensitätswerte ist jedoch anfällig gegenüber Helligkeitsänderungen im Bild, da diese den resultierenden Deskriptor stark beeinflussen.

Robustere Deskriptoren ergeben sich, wenn anstatt der Intensitätswerte die Ableitungen der Intensitätswerte verwendet werden, wodurch eine Invarianz gegenüber additiven Beleuchtungseinflüssen erreicht werden kann.

Ein weiterer beleuchtungsinvarianter und effizient zu berechnender Deskriptor ist durch die Census-Transform gegeben (vgl. [ZW94]). Hierbei wird die Grauwertverteilung in der lokalen Nachbarschaft um das betrachtete Merkmal durch einen binären Deskriptor beschrieben. Punkte in der Nachbarschaft, die heller als das zentrale Pixel sind, liefern den Wert Eins im Deskriptor. Ist ein Punkt dunkler als der betrachtete Bildpunkt, resultiert dies in einem Wert Null [Ste04]. Als Qualitätsmaß für die Korrespondenzsuche wird in diesem Fall die Hamming-Distanz (vgl. [Ste04]) verwendet, wodurch die resultierenden Merkmalsdeskriptoren effizient gespeichert und sehr schnell verglichen werden können.

Treten starke perspektivische Verzerrungen in den Bildern auf, wie sie beispielsweise durch große Abstände zwischen den optischen Zentren zweier Kameras hervorgerufen werden können, ändert sich die lokale Grauwertstruktur um die betrachteten Merkmalspunkte erheblich. Ist dies der Fall, sind die bisher beschriebenen Verfahren für eine zuverlässige Korrespondenzsuche ungeeignet.

Deskriptoren, die auch dann noch eine zuverlässige Bestimmung von Punktkorrespondenzen ermöglichen, wenn starke Änderungen in der Skale bzw. Rotationen vorhanden sind, basieren im Wesentlichen auf Histogrammen, die die Grauwert- und Grauwertgradientenverteilung um einen Merkmalspunkt charakterisieren. Ein mögliches Beispiel für diese Art von Deskriptoren ist die Scale Invariant Feature Transform (SIFT) [Low99, Low04]. Die Robustheit dieses Deskriptors gegenüber Rotationen und Skalenänderungen geht jedoch, aufgrund der zahlreichen vorverarbeitenden Schritte, mit einer aufwendigen Berechnung einher.

Effizientere histogrammbasierte Deskriptoren sind beispielsweise durch SURF [BETG08] und DAISY [TLF10] gegeben. Auf eine detaillierte Beschreibung dieser Deskriptoren soll in dieser Arbeit jedoch verzichtet werden, da selbst durch die durchgeführten Optimierungen keine effiziente Berechnung dichter Deskriptorfelder für alle Bildpunkte möglich ist, welche eine Voraussetzung für die Schätzung dichter Bewegungsvektorfelder darstellen. Weiterhin ist der Vergleich zweier Deskriptoren aufgrund ihrer Dimension sowie des verwendeten Vergleichsmaßes relativ rechenintensiv.

Eine weitere Möglichkeit zur Berücksichtigung von starken perspektivischen Verzerrungen zwischen den Ansichten stellen binäre Deskriptoren dar, die als Erweiterung der Census-Transformation angesehen werden können. Beispiele hierfür sind der in [CLSF10] beschriebene BRIEF-Deskriptor, sowie der darauf aufbauende rotationsinvariante ORB-Merkmalsdeskriptor der in [RRKB11] beschrieben ist. Weitere binäre Deskriptoren werden beispielsweise in [LCS11, AOV12] beschrieben.

Alle genannten binären Deskriptoren weisen im Gegensatz zu den histogrammbasierten Deskriptoren den Vorteil auf, dass sie anhand der Hamming-Distanz verglichen werden können, wodurch üblicherweise eine deutlich effizientere Korrespondenzsuche ermöglicht wird.

Weitere Merkmalsdeskriptoren, auf die hier nicht weiter eingegangen werden soll, werden in [GHT11] beschrieben und hinsichtlich ihrer Leistungsfähigkeit unter verschiedenen Umgebungsbedingungen sowie ihrem Berechnungsaufwand untersucht. Anhand dieser Evaluation ist ersichtlich, dass mit dem SIFT-Deskriptor insgesamt gute Ergebnisse erzielt werden können, die Auswahl des Merkmalsvektors im Allgemeinen jedoch problemspezifisch erfolgen sollte.

3.3 Vergleich der Verfahren

Jedes der beschriebenen Verfahren weist spezifische Vorteile sowie prinzipbedingte Nachteile auf, die hier nochmals kompakt zusammengefasst werden sollen.

- **Gradientenbasierte Verfahren:** Diese Verfahren basieren auf der Auswertung der Kontinuitätsgleichung des optischen Flusses zur Schätzung des Bewegungsvektorfeldes. Sie können in die beiden Klassen lokale und globale Verfahren eingeteilt werden, wobei dichte Bewegungsvektorfelder üblicherweise nur mit globalen Verfahren bestimmt werden können. Die hierzu nötigen Regularisierungsterme führen meist jedoch zu starken Glättungen an Objektgrenzen. Weiterhin sind diese Verfahren häufig nur für kleine Bewegungsvektoren geeignet und sehr rechenintensiv.

- **Regionenbasierte Verfahren:** Korrespondierende Punkte werden bei diesen Verfahren durch einen Vergleich der Intensitätswerte innerhalb kleiner Bildbereiche gesucht. Probleme treten hierbei lediglich auf, wenn innerhalb dieser Bereiche wenig Textur vorhanden ist oder starke perspektivische Verzerrungen zwischen den beiden Ansichten vorhanden sind. Generell können beliebig große Flussvektoren geschätzt werden, der dafür notwendige Aufwand steigt jedoch mit wachsender Größe des Suchbereichs an.

- **Merkmalsbasierte Verfahren:** Merkmalskorrespondenzen werden nur an markanten Bildpunkten gesucht, sodass keine dichten Bewegungsvektorfelder bestimmt werden können. Diese Punkte werden zunächst im Bild detektiert und anschließend anhand eines Merkmalsdeskriptors beschrieben. Aufgrund der geringen Anzahl Punkte ist üblicherweise eine zeiteffiziente und robuste Bestimmung von Korrespondenzen möglich. Zudem sind diese Verfahren häufig rotations- und skaleninvariant.

4 Schätzung der Kamerabewegung

In der Robotik spielt die Schätzung der Fahrzeugeigenbewegung eine zentrale Rolle für weiterführende Anwendungen. Neben zahlreichen Verfahren zur bildbasierten Erkennung unabhängig bewegter Verkehrsteilnehmer, wie sie beispielsweise in [KRL10b, BBA11] beschrieben werden, ist die Kenntnis der eigenen Bewegung eine wichtige Voraussetzung des in [GZS11] vorgestellten Algorithmus zur kamerabasierten Erzeugung von 3D-Karten größerer Umgebungen aus einem fahrenden Fahrzeug heraus.

Zur Schätzung der Fahrzeugeigenbewegung stehen unterschiedliche Sensoren zur Verfügung, wobei häufig Drehzahlsensoren an den Rädern, Inertialsensoren oder GPS-Empfänger verwendet werden. Die Genauigkeit der gelieferten Messdaten hängt bei diesen Sensoren jedoch stark von den Umgebungsbedingungen ab. Raddrehzahlsensoren liefern beispielsweise dann ungenaue Schätzergebnisse, wenn Schlupf zwischen Reifen und Fahrbahn auftritt. Die Positionsbestimmung mittels GPS ist in innerstädtischen Gebieten aufgrund der meist schlechten Sichtverbindung zu den Satelliten, sowie der Mehrwegeausbreitung des GPS-Signals (*engl.* multipath effect) ungenau. In manchen Bereichen (z. B. unter Wasser), ist mithilfe von GPS überhaupt keine Positionsbestimmung möglich [SF11].

Aus den genannten Gründen werden zunehmend kamerabasierte Verfahren zur Schätzung der Eigenbewegung des Fahrzeugs verwendet (z. B. [CMM06, MCM07, DHS09]). Der Vorteil dieser Verfahren besteht darin, dass die Schätzergebnisse unabhängig von den Umgebungsbedingungen sind. Lediglich eine ausreichend beleuchtete Szene sowie gut texturierte Oberflächen sind für eine genaue Schätzung der Bewegung erforderlich. Sind diese Voraussetzungen erfüllt, liefern kamerabasierte Verfahren meist Trajektorien mit einer höheren Genauigkeit als sie beispielsweise durch Auswertung der Raddrehzahlsensoren erreicht werden können [HCC$^+$04].

Die Grundlagen sowie die möglichen Ansätze zur inkrementellen Schätzung der Fahrzeugeigenbewegung anhand von visuellen Informationen werden in Kapitel 4.1 näher beschrieben. Darauf aufbauend wird ein robustes Verfahren zur inkrementellen Schätzung der Fahrzeugbewegung hergeleitet, welches auch für Echtzeitanwendungen geeignet ist. Ausgangspunkt des vorgestellten Verfahrens sind, ähnlich wie bei den in [How08, KGL10, GZS11] beschriebenen Algorithmen, Merkmalskorrespondenzen zwischen unterschiedlichen Ansichten einer Szene.

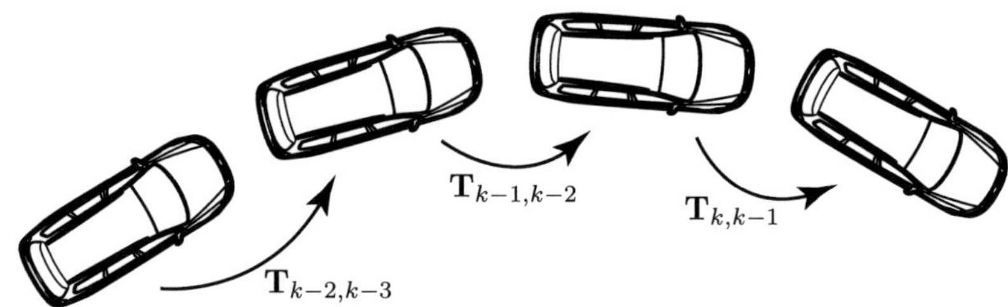

Abbildung 4.1: Prinzip der inkrementellen Bewegungsschätzung. Es werden jeweils nur die relativen Änderungen der Fahrzeugpose zwischen zeitlich aufeinanderfolgenden Messungen bestimmt. Die Gesamttrajektorie des Fahrzeugs ergibt sich durch Verkettung der einzelnen Bewegungsschätzungen.

Für die weiteren Betrachtungen wird vorausgesetzt, dass Punktkorrespondenzen bereits in einem vorverarbeitenden Schritt aus den Bildern extrahiert wurden. Zur Reduktion der Rechenzeit wird aus diesen Korrespondenzen zunächst eine Vorauswahl getroffen, wie sie in Kapitel 4.2 beschrieben wird. Ausgehend von den verbleibenden Merkmalskorrespondenzen wird die rekursive Schätzung der Fahrzeugbewegung in den Kapiteln 4.3 und 4.4 beschrieben. Darauf aufbauend veranschaulicht Kapitel 4.5 die Notwendigkeit der sorgfältigen Wahl des Schätzverfahrens. Anschließend wird in Kapitel 4.6 eine Bewertung der Leistungsfähigkeit des hergeleiteten Algorithmus anhand von simulierten Messdaten durchgeführt. Abschließend wird in Kapitel 4.7 eine Erweiterung des Algorithmus vorgestellt, die selbst in hochdynamischen Umgebungen, mit zahlreichen unabhängig bewegten Verkehrsteilnehmern, zuverlässige Schätzergebnisse ermöglicht.

4.1 Grundlagen der Bewegungsschätzung

Zur Beschreibung der Bewegung eines Fahrzeugs durch seine Umgebung wird häufig die aus der Bewegung resultierende Trajektorie verwendet. Diese repräsentiert den vom Fahrzeug zurückgelegten Pfad innerhalb eines Referenzkoordinatensystems, abhängig von der verstrichenen Zeit.

Aufgrund der zeitdiskreten Arbeitsweise der verfügbaren Sensoren wird zur Repräsentation der Trajektorie meist eine diskrete Menge aufeinanderfolgender Posen verwendet. Jede dieser Posen beschreibt die Position und Orientierung des Fahrzeugs im Referenzkoordinatensystem zu einem bestimmten Zeitpunkt k (vgl. Abbildung 4.1). Üblicherweise erlauben die verwendeten Sensoren jedoch keine

Bestimmung der aktuellen Pose im Bezugskoordinatensystem sondern liefern lediglich die relative Änderung der Pose gegenüber der vorhergehenden Messung.

Wird die Bewegung des Fahrzeugs zwischen aufeinanderfolgenden Zeitpunkten $k - 1$ und k als Starrkörperbewegung beschrieben, kann die relative Änderung der Position und Orientierung im dreidimensionalen Raum durch eine Translation $\mathbf{t}_{k,k-1} \in \mathbb{R}^3$ sowie eine Rotation $\mathbf{R}_{k,k-1} \in \mathbb{R}^{3\times3}$ modelliert werden. Beide Größen lassen sich in einer Transformationsmatrix $\mathbf{T}_{k,k-1} \in \mathbb{R}^{4\times4}$ der Form

$$\mathbf{T}_{k,k-1} = \begin{bmatrix} \mathbf{R}_{k,k-1} & \mathbf{t}_{k,k-1} \\ \mathbf{0}^\mathsf{T} & 1 \end{bmatrix} \tag{4.1}$$

zusammenfassen. Vereinfachend wird im Folgenden angenommen, dass das Fahrzeugkoordinatensystem mit dem Koordinatensystem der Kamera übereinstimmt. Ist dies der Fall, sind die von der Kamera gemessene Bewegung und die Bewegung des Fahrzeugs identisch.

Häufig ist jedoch nicht die relative Änderung der Fahrzeugpose zwischen aufeinanderfolgenden Zeitpunkten von Interesse, sondern die zurückgelegte Trajektorie des Fahrzeugs, d. h. der zeitliche Verlauf der Fahrzeugpose $\mathbf{T}_k$ innerhalb eines zuvor definierten Referenzkoordinatensystems. Die Pose zum Zeitpunkt k kann durch Verkettung der einzelnen Transformationen gemäß

$$\mathbf{T}_k = \begin{bmatrix} \mathbf{R}_k & \mathbf{t}_k \\ \mathbf{0}^\mathsf{T} & 1 \end{bmatrix} = \mathbf{T}_{k,k-1} \cdot \mathbf{T}_{k-1,k-2} \cdot \ldots \cdot \mathbf{T}_{2,1} \cdot \mathbf{T}_{1,0} \cdot \mathbf{T}_0 \tag{4.2}$$

bestimmt werden. Hierbei beschreibt $\mathbf{T}_0$ die Pose des Fahrzeugs innerhalb des Referenzkoordinatensystems zum Zeitpunkt $k = 0$. Häufig wird diese so gewählt, dass $\mathbf{T}_0 = \mathbf{I}$ gilt, d. h. das Referenzkoordinatensystem ist durch die Anfangspose des Fahrzeugs definiert [SF11].

Ein Nachteil inkrementeller Verfahren zur Schätzung der Eigenbewegung besteht darin, dass sich die Fehler in den Einzelschätzungen mit der Zeit aufakkumulieren. Dies führt insbesondere bei längeren Trajektorien zu einer erheblichen Drift und somit zu einer immer stärkeren Abweichung zwischen geschätzter und tatsächlicher Trajektorie [ZOS+07]. Üblicherweise bieten Schätzverfahren, die auf der Auswertung von Inertial- oder Drehzahlsensoren beruhen, keine Möglichkeit diese Drift zu reduzieren. Lediglich die Fusion von absoluten Positionsdaten (z. B. aus GPS-Sensoren) in den Schätzprozess kann die auftretende Drift verringern.

Durch Verwendung visueller Sensoren zur Schätzung der Fahrzeugbewegung kann die Drift zwar nicht vermieden werden, verschiedene Verfahren erlauben jedoch eine deutliche Reduktion der Drift unter den in [DWB06, BDW06] genannten Voraussetzungen. Auf diese Verfahren wird im Folgenden jedoch nicht weiter eingegangen. Lediglich die Grundlagen der als visuelle Odometrie (*engl.* visual odometry [NNB04]) bezeichneten inkrementellen Schätzverfahren werden beschrieben.

Das Ziel der inkrementellen Schätzung der Fahrzeugeigenbewegung besteht darin, die durch $\{\mathbf{R}_{k,k-1}, \mathbf{t}_{k,k-1}\}$ gegebene Änderung der Fahrzeugpose zwischen aufeinanderfolgenden Zeitschritten anhand von Bilddaten zu bestimmen. In [YKN06] wird hierfür ein Verfahren beschrieben, welches aufeinanderfolgende Bilder einer monokularen Kamera verwendet. Üblicherweise finden jedoch binokulare Kamerasysteme Anwendung, da hierdurch die Schätzung der Skale der translatorischen Bewegung ermöglicht wird. Dies ist mit monokularen Ansätzen nur dann der Fall, wenn wie in [SS08, CJYC11, KRC$^+$11] zusätzliche Annahmen über die Geometrie der Szene oder die Fahrzeugbewegung getroffen werden.

Neben den bereits genannten Algorithmen werden in der Literatur zahlreiche weitere Ansätze zur inkrementellen Schätzung der Kamerabewegung beschrieben (vgl. [SF11, FS12]). Eine Einteilung dieser Verfahren kann dahingehend vorgenommen werden, ob Punkte in der Bildebene oder 3D-Szenenpunkte für die Schätzung der Bewegung verwendet werden.

Im Allgemeinen ist hierbei die Verwendung von Bildpunkten zu bevorzugen. Dies kann dadurch begründet werden, dass die Lokalisierungsgenauigkeit von Bildpunkten durch eine zweidimensionale Gauß-Verteilung angenähert werden kann. Die Unsicherheit der korrespondierenden 3D-Szenenpunkte ist jedoch aufgrund des nichtlinearen Triangulationsprozesses nicht mehr normalverteilt. Während eine Gauß'sche Approximation der Unsicherheit für nahe Punkte näherungsweise erfüllt ist, weisen entfernte Punkte einen statistischen Bias auf, der sich negativ auf die Genauigkeit der resultierenden Bewegungsschätzung auswirkt [FG10].

Die in der Literatur beschriebenen Schätzverfahren sollen im Folgenden kurz zusammengefasst werden:

- **3D-3D:** Bei diesen Verfahren basiert die Bestimmung der Kamerabewegung auf einer Menge korrespondierender 3D-Punkte (vgl. [Bad04, MS06, AK07]). Zur Schätzung der Bewegung zwischen den beiden Punktwolken $\{\mathbf{X}_{k-1}^1, \ldots, \mathbf{X}_{k-1}^N\}$ und $\{\mathbf{X}_k^1, \ldots, \mathbf{X}_k^N\}$ wird üblicherweise der Fehler

$$\underset{\mathbf{R}_{k,k-1}, \mathbf{t}_{k,k-1}}{\arg\min} \sum_i \left\| \mathbf{X}_k^i - \mathbf{R}_{k,k-1} \cdot \mathbf{X}_{k-1}^i + \mathbf{t}_{k,k-1} \right\|_2 \tag{4.3}$$

  minimiert. Sind die Punktkorrespondenzen im Voraus bekannt, kann die Bewegung durch Schätzung der absoluten Orientierung geschlossen bestimmt werden [Hor87]. Im Falle unbekannter Korrespondenzen ist hierzu ein iterativer Algorithmus (z. B. [Zha94, RL01]) notwendig.

- **3D-2D:** Die 3D-2D-Verfahren zur Bewegungsschätzung nutzen eine Menge gegebener 3D-Szenenpunkte $\left\{\mathbf{X}_{k-1}^1, \ldots, \mathbf{X}_{k-1}^N\right\}$ sowie deren korrespondierende Punkte $\left\{\mathbf{x}_k^1, \ldots, \mathbf{x}_k^N\right\}$ im folgenden Bild zur Schätzung der Kamerabewegung. Die Szenenpunkte können hierbei entweder durch Triangulation von Merkmalskorrespondenzen zwischen den beiden Ansichten eines Stereokamerasystems (vgl. [GZS11]) oder basierend auf den Bildern einer bewegten monokularen Kamera (vgl. [KRC$^+$11]) bestimmt werden. Die Schätzung der Bewegung erfolgt, indem der Rückprojektionsfehler

$$\underset{\mathbf{R}_{k,k-1}, \mathbf{t}_{k,k-1}}{\arg\min} \sum_i \left\| \mathbf{x}_k^i - \Pi\left(\mathbf{X}_{k-1}^i\right) \right\|_2 \qquad (4.4)$$

zwischen beobachteten und erwarteten Bildpunkten minimiert wird.

- **2D-2D:** Die Schätzung der Bewegung anhand von Punktkorrespondenzen in aufeinanderfolgenden Bildern basiert auf einer Schätzung der Epipolargeometrie zwischen den Ansichten (vgl. Kapitel 2.2). Hierfür stehen unterschiedliche Ansätze zur Verfügung, die entweder eine kalibrierte Kamera voraussetzen (z. B. [Nis04]) oder Punktkorrespondenzen in unkalibrierten Bildern verwenden (z. B. [WHD05]).

In den folgenden Kapiteln wird ein robuster Algorithmus zur visuellen Schätzung der Fahrzeugeigenbewegung hergeleitet, der auf der Auswertung von Punktkorrespondenzen zwischen aufeinanderfolgenden Stereobildpaaren basiert. Im Gegensatz zu den in [How08, GZS11] beschriebenen Verfahren zur Bewegungsschätzung, bei denen rektifizierte Kamerabilder mit konstanter Kalibrierung vorausgesetzt werden, erlaubt das hier vorgestellte Verfahren die Verwendung beliebiger, nicht notwendigerweise rektifizierter, Kamerakonfigurationen. Vorausgesetzt wird lediglich, dass eine vollständige Kalibrierung für jeden Zeitpunkt vorhanden ist. Eine zeitliche Konstanz der Kalibrierung ist nicht notwendig.

Die Bestimmung der Bewegungsparameter erfolgt rekursiv mithilfe eines Bayes'schen Schätzverfahrens. Hierdurch kann ein Modell der Fahrzeugbewegung bei der Schätzung berücksichtigt werden, wodurch sich die Robustheit des Verfahrens erhöht. Während beispielsweise in [CJYC11, Sca11] Modelle verwendet werden die lediglich eine Bewegung in der Ebene erlauben, werden in dem hier vorgestellten Verfahren alle sechs Parameter zur Beschreibung einer Bewegung im dreidimensionalen Raum geschätzt, sodass ein deutlich größeres Anwendungsspektrum abgedeckt werden kann.

Bevor die einzelnen Schritte der Bewegungsschätzung detailliert beschrieben werden, wird zunächst untersucht welche Merkmalskorrespondenzen ausgewählt werden sollten um eine möglichst genaue Schätzung aller sechs Bewegungsparameter gewährleisten zu können.

Abbildung 4.2: Detektierte Merkmale im Bild, die für die visuelle Schätzung der Fahrzeugbewegung verwendet werden können. Für alle dargestellten Merkmalspunkte konnten Korrespondenzen in beiden Stereobildpaaren gefunden werden.

4.2 Merkmalsauswahl

Eine wichtige Voraussetzung für die visuelle Schätzung der Fahrzeugeigenbewegung stellen Punktkorrespondenzen zwischen unterschiedlichen Ansichten einer Szene dar. Hierbei kann im Allgemeinen zwischen zwei Kategorien von Korrespondenzen unterschieden werden. Zum einen müssen Punktzuordnungen zwischen den beiden Bildern eines Stereokamerasystems gefunden werden, zum anderen sind Korrespondenzen zwischen zeitlich aufeinanderfolgenden Bildern für die Bewegungsschätzung erforderlich.

In der Literatur werden zahlreiche Verfahren zur Bestimmung von Merkmalskorrespondenzen zwischen unterschiedlichen Ansichten einer Szene beschrieben (vgl. Kapitel 3.2.3), auf die hier nicht weiter eingegangen werden soll. Für die folgenden Verarbeitungsschritte wird deshalb vorausgesetzt, dass bereits Merkmalskorrespondenzen $\mathbf{x}_{L,k-1} \leftrightarrow \mathbf{x}_{R,k-1} \leftrightarrow \mathbf{x}_{L,k} \leftrightarrow \mathbf{x}_{R,k}$ vorhanden sind, die für die Bewegungsschätzung verwendet werden können. Abbildung 4.2 zeigt exemplarisch diejenigen Merkmalspunkte im Bild, für die Korrespondenzen in zwei aufeinanderfolgenden Stereobildpaaren gefunden werden konnten und somit zur visuellen Schätzung der Kameraeigenbewegung geeignet sind.

Die Verwendung aller im Bild detektierter Merkmalspunkte für die Schätzung der Eigenbewegung ist jedoch nicht notwendig, da ab einer bestimmten Menge berücksichtigter Bildpunkte keine relevante Verbesserung der Genauigkeit mehr erzielt werden kann. Zudem steigt die benötigte Rechenzeit mit der Anzahl vorhandener Punktkorrespondenzen meist deutlich an. Deshalb ist es zweckmäßig, nur eine Teilmenge der im Bild detektierten Merkmalspunkte bei der Schätzung der Eigenbewegung zu berücksichtigen.

Um eine geeignete Auswahl der zu verwendenden Punktkorrespondenzen treffen zu können wird zunächst untersucht, wie stark sich eine fehlerhafte Kamerapose bei gegebenem Objektpunkt auf die Position des korrespondierenden Bildpunktes auswirkt. Hierbei wird hauptsächlich der Einfluss des Abstandes zwischen Kamera und Objektpunkt auf den Fehler im Bild analysiert. Basierend auf dieser Analyse kann eine Aussage darüber getroffen werden, welche Punkte idealerweise für die Bestimmung der Eigenbewegung berücksichtigt werden sollten, um eine möglichst gute Schätzung aller Bewegungsparameter zu erreichen.

Gemäß Gleichung 2.9 kann die Abbildung eines 3D-Objektpunktes $\mathbf{X}_W$ auf die Bildebene der Kamera durch $\mathbf{x} = \Pi\left(\mathbf{X}_W\right)$ beschrieben werden. Der Abbildungsoperator $\Pi\left(\cdot\right)$ selbst hängt hierbei von den intrinsischen Kameraparametern $\mathbf{K}$ sowie der Position und Orientierung der Kamera im Raum ab.

Für die weitere Betrachtung wird vorausgesetzt, dass die intrinsische Kalibrierung der Kamera exakt bekannt ist und somit keinen Beitrag zum Abbildungsfehler leistet. Die Pose der Kamera wird durch den Parametervektor $\mathbf{p} = \left(t_X, t_Y, t_Z, \Phi, \Psi, \Theta\right)^{\mathsf{T}}$ beschrieben, der sowohl die translatorische Position der Kamera als auch deren Orientierung im Weltkoordinatensystem definiert. Dementsprechend kann die Abbildung eines Objektpunktes $\mathbf{X}_W$ auf die Bildebene der Kamera durch eine Funktion $\mathbf{x} = f_\Pi\left(\mathbf{X}_W, \mathbf{K}, \mathbf{p}\right)$ beschrieben werden. Ein Fehler $\Delta\mathbf{p} = \left(\Delta t_X, \Delta t_Y, \Delta t_Z, \Delta\Phi, \Delta\Psi, \Delta\Theta\right)^{\mathsf{T}}$ in der Kamerapose resultiert demnach in einem Fehler $\Delta\mathbf{x} = \left(\Delta x, \Delta y\right)^{\mathsf{T}}$ im Bild, welcher im Folgenden in Abhängigkeit des 3D-Objektpunktes untersucht wird.

Für kleine Fehler in der Kamerapose ist der resultierende Fehler des Bildpunktes durch eine Approximation erster Ordnung gemäß

$$
\begin{aligned}
\Delta\mathbf{x} &\approx \mathbf{J}_{f_\Pi,\mathbf{p}}\big|_{\mathbf{p}_0} \cdot \Delta\mathbf{p} \\
&= \begin{bmatrix} J_{x,t_X} & J_{x,t_Y} & J_{x,t_Z} & J_{x,\Phi} & J_{x,\Psi} & J_{x,\Theta} \\ J_{y,t_X} & J_{y,t_Y} & J_{y,t_Z} & J_{y,\Phi} & J_{y,\Psi} & J_{y,\Theta} \end{bmatrix}\bigg|_{\mathbf{p}_0} \cdot \Delta\mathbf{p}
\end{aligned}
\tag{4.5}
$$

gegeben. Hierin bezeichnet $\mathbf{J}_{f_\Pi,\mathbf{p}} \in \mathbb{R}^{2\times 6}$ die Jacobi-Matrix der Abbildungsfunktion $f_\Pi\left(\mathbf{X}_W, \mathbf{K}, \mathbf{p}\right)$ bzgl. der Posenparameter $\mathbf{p}$ (vgl. Anhang A.3). Der für die Linearisierung betrachtete Arbeitspunkt ist durch $\mathbf{p}_0$ gegeben.

Der euklidische Fehler zwischen dem Bildpunkt, der bei einer exakten Pose der Kamera zu erwarten ist, sowie dem Bildpunkt, der sich bei jeweils einem fehlerhaften Posenparameter ergibt, kann für kleine Fehler gemäß

$$
\|\Delta\mathbf{x}_\mathcal{P}\|_2 \approx \underbrace{\sqrt{J_{x,\mathcal{P}}^2 + J_{y,\mathcal{P}}^2}}_{S_\mathcal{P}} \cdot \Delta\mathcal{P}
\tag{4.6}
$$

berechnet werden. Die Größe $\mathcal{P} \in \{t_X, t_Y, t_Z, \Phi, \Psi, \Theta\}$ stellt hierbei den jeweils betrachteten Parameter zur Beschreibung der Kamerapose innerhalb des Weltkoordinatensystems dar. Die Empfindlichkeit des Fehlers im Bild in Abhängigkeit des jeweiligen Posenparameters ist durch die Größe $S_\mathcal{P}$ definiert. Je größer die Empfindlichkeit $S_\mathcal{P}$ ist, desto stärker wirken sich Fehler in der jeweiligen Komponente $\mathcal{P}$ der Kamerapose auf den resultierenden euklidischen Fehler in der Bildebene aus.

Für die weitere Betrachtung des Fehlers werden Vereinfachungen vorgenommen, die eine übersichtlichere Herleitung der Fehlerterme ermöglichen. Es wird angenommen, dass für die intrinsischen Parameter der Kamera $s = 0$ gilt und die Brennweiten $f_x = f_y = f$ in beiden Richtungen identisch sind (vgl. Kapitel 2.1). Weiterhin wird der betrachtete Arbeitspunkt als $\mathbf{p}_0 = \mathbf{0}$ definiert, d. h. das Koordinatensystem der Kamera stimmt mit dem Weltkoordinatensystem überein.

Unter den genannten Voraussetzungen ergeben sich die in Gleichung 4.6 definierten Empfindlichkeiten $S_\mathcal{P}$ des Fehlers im Bild gegenüber kleinen Fehlern in den translatorischen Posenparametern für einen beliebigen 3D-Szenenpunkt $\mathbf{X}_W = (X_W, Y_W, Z_W)^\mathsf{T}$ wie folgt:

$$S_{t_X} = \frac{f}{Z_W} \tag{4.7}$$

$$S_{t_Y} = \frac{f}{Z_W} \tag{4.8}$$

$$S_{t_Z} = \frac{f}{Z_W} \cdot \sqrt{\frac{X_W^2 + Y_W^2}{Z_W^2}} \tag{4.9}$$

Der Einfluss von rotatorischen Fehlern in der Kamerapose auf den Fehler in der Position des Bildpunktes ist durch die Empfindlichkeiten

$$S_\Phi = \sqrt{\frac{f^2 \left(X_W^2 Y_W^2 + Z_W^4 + 2Y_W^2 Z_W^2 + Y_W^4\right)}{Z_W^4}} \tag{4.10}$$

$$S_\Psi = \sqrt{\frac{f^2 \left(X_W^2 Y_W^2 + Z_W^4 + 2X_W^2 Z_W^2 + X_W^4\right)}{Z_W^4}} \tag{4.11}$$

$$S_\Theta = \sqrt{\frac{f^2 \left(X_W^2 + Y_W^2\right)}{Z_W^2}} \tag{4.12}$$

gegeben, welche von der Position des betrachteten Objektpunktes im Weltkoordinatensystem abhängig sind.

Im Folgenden wird untersucht, wie stark der Fehler eines Bildpunktes von einer fehlerhaften Kamerapose bei gegebener Position des korrespondierenden Weltpunktes abhängt. Hierzu werden Objektpunkte

$$\begin{pmatrix} X_W \\ Y_W \\ Z_W \end{pmatrix} = Z_W \cdot \begin{pmatrix} \widetilde{X} \\ \widetilde{Y} \\ 1 \end{pmatrix} \tag{4.13}$$

entlang eines Sichtstrahls betrachtet. Die Größen $\widetilde{X}$ und $\widetilde{Y}$ definieren die Richtung des Sichtstrahls, Z_W bezeichnet den Abstand des betrachteten Punktes zum optischen Zentrum der Kamera. Wird der Zusammenhang aus Gleichung 4.13 in die Gleichungen 4.7 – 4.12 eingesetzt und vereinfacht, ergeben sich die folgenden Zusammenhänge für die Empfindlichkeiten:

$$S_{t_X} = \frac{f}{Z_W} \qquad\qquad S_\Phi = f \cdot \sqrt{1 + \widetilde{X}^2\widetilde{Y}^2 + 2\widetilde{Y}^2 + \widetilde{Y}^4}$$

$$S_{t_Y} = \frac{f}{Z_W} \qquad\qquad S_\Psi = f \cdot \sqrt{1 + \widetilde{X}^2\widetilde{Y}^2 + 2\widetilde{X}^2 + \widetilde{X}^4}$$

$$S_{t_Z} = \frac{f}{Z_W} \cdot \sqrt{\widetilde{X}^2 + \widetilde{Y}^2} \qquad\qquad S_\Theta = f \cdot \sqrt{\widetilde{X}^2 + \widetilde{Y}^2}$$

Hieraus ist ersichtlich, dass der Einfluss translatorischer Fehler in der Kamerapose von der Entfernung Z_W eines Weltpunktes entlang des Sichtstrahls abhängig ist. Rotatorische Fehler in der Kamerapose sind hingegen für alle Punkte auf dem Sichtstrahl, unabhängig von ihrer Tiefe, konstant. Abbildung 4.3 veranschaulicht den Einfluss der jeweiligen Posenparameter auf den Fehler im Bild für einen exemplarisch gewählten Sichtstrahl in Abhängigkeit der Tiefe des korrespondierenden Objektpunktes.

Unter der Annahme, dass die visuelle Schätzung der Eigenbewegung dadurch erfolgt, dass als Fehlerterm die Summe der euklidischen Rückprojektionsfehler zwischen den im Bild beobachteten Merkmalspunkten sowie den anhand der Eigenbewegung erwarteten Punkten minimiert wird, wie es beispielsweise in [KGL10, GZS11] der Fall ist, können hieraus folgende Rückschlüsse gezogen werden. Kleine Fehler in den translatorischen Bewegungskomponenten führen bei Objektpunkten, die sich direkt vor der Kamera befinden, zu großen Fehlern im Bild. Diese Fehler nehmen mit zunehmendem Abstand zwischen Kamera und Objektpunkt ab und verschwinden für unendlich weit entfernte Punkte. Der Einfluss rotatorischer Fehler in der Bewegungsschätzung auf den Rückprojektionsfehler der Punkte ist hingegen nicht von der Tiefe der Objektpunkte sondern lediglich vom betrachteten Sichtstrahl abhängig.

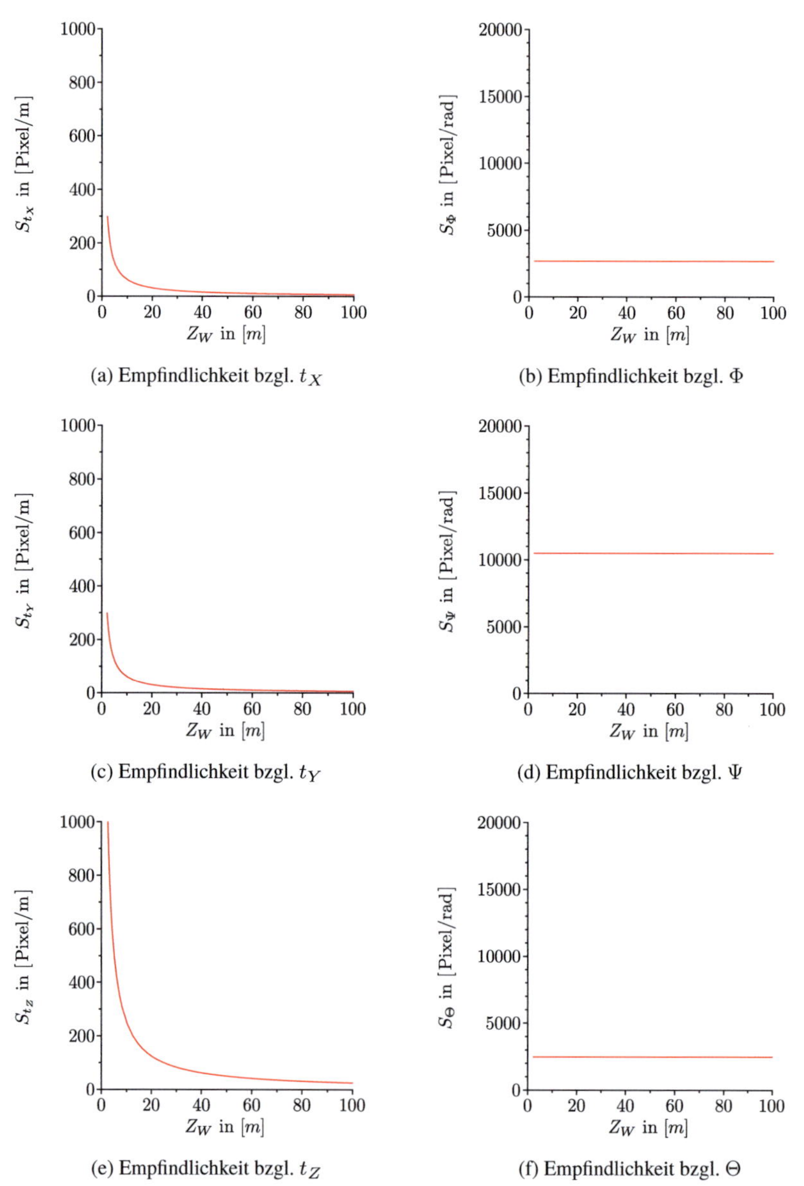

(a) Empfindlichkeit bzgl. t_X

(b) Empfindlichkeit bzgl. Φ

(c) Empfindlichkeit bzgl. t_Y

(d) Empfindlichkeit bzgl. Ψ

(e) Empfindlichkeit bzgl. t_Z

(f) Empfindlichkeit bzgl. Θ

Abbildung 4.3: Veranschaulichung der Empfindlichkeiten $S_\mathcal{P}$ eines Bildpunktes in Abhängigkeit des Abstandes Z_W des korrespondierenden Objektpunktes bei einer fehlerhaften Bestimmung der Kamerapose.

Für eine genaue Schätzung der Translation ist es somit notwendig, Punkte im Nahbereich der Kamera zu verwenden. Kleine Fehler in der geschätzten translatorischen Bewegung führen in diesem Fall zu einem großen Rückprojektionsfehler und
liefern einen dementsprechend großen Beitrag zum Fehlerterm. Für weit entfernte
Punkte dominiert der Fehler, der durch das Sensorrauschen entsteht, was zu einer fehlerhaften Schätzung der translatorischen Bewegung führt [CSNP05]. Für
die Schätzung der Rotation sollten weit entfernte Punkte verwendet werden, da die
hierdurch hervorgerufenen Rückprojektionsfehler lediglich durch eine fehlerhafte
Schätzung der rotatorischen Bewegungskomponenten, nicht jedoch durch eine ungenaue Schätzung der Translation beeinflusst werden.

Im Allgemeinen sollte somit für eine genaue Schätzung aller sechs Freiheitsgrade
eine gleichmäßige Verteilung der 3D-Punkte in Tiefenrichtung vorhanden sein. Um
dies zu gewährleisten, wird das Kamerabild in mehrere, sich nicht überschneiden-
de Rechtecke (*engl.* Buckets) aufgeteilt (vgl. [ZDFL95]). Abhängig von der Lage
des jeweiligen Buckets im Bild sind die 3D-Objektpunkte, die mit den sich dort
befindlichen Merkmalspunkten korrespondieren, entweder eher im Nah- oder eher
im Fernbereich zu finden (vgl. Abbildung 4.4). In typischen innerstädtischen Sze-
nen korrespondieren Bildpunkte am linken und rechten Bildrand sowie im unteren
Bildbereich eher mit Punkten, die eine geringe Entfernung zur Kamera aufweisen.
Punkte die im Bildzentrum liegen, sind meist weit von der Kamera entfernt.

Zur Schätzung der Kamerabewegung wird schließlich aus jedem dieser Buckets
eine maximale Anzahl von Punkten ausgewählt. Diese Auswahl erfolgt anhand der Ähnlichkeit der Merkmalsdeskriptoren zwischen den Bildern. Innerhalb jedes Buckets werden diejenigen Punktkorrespondenzen für die Eigenbewegungsschätzung verwendet, die bei der Korrespondenzsuche die beste Übereinstimmung liefern. Die verbleibenden Punktkorrespondenzen werden verworfen und bei
der Bewegungsschätzung nicht weiter berücksichtigt. Durch die Auswahl der Merkmalskorrespondenzen anhand ihrer Ähnlichkeit kann die Anzahl fehlerhafter Korrespondenzen innerhalb der gewählten Merkmalspunkte, die sich negativ auf das
Schätzergebnis auswirken, reduziert werden, sodass eine zuverlässige Schätzung
möglich ist. Abbildung 4.4 veranschaulicht die Merkmalsauswahl exemplarisch anhand eines Beispielbildes.

Neben der gleichmäßigen Verteilung der verwendeten Merkmalspunkte entlang
der optischen Achse der Kamera sowie der Merkmalsreduktion ergeben sich durch
das Bucketing weitere Vorteile für die Schätzung der Kamerabewegung. Die resultierende Gleichverteilung der Merkmalspunkte über der Bildfläche (vgl. Abbildung 4.4b) führt im Allgemeinen dazu, dass nicht alle Merkmalspunkte auf unabhängig bewegten Objekten, sondern auch auf dem statischen Hintergrund der
Szene, liegen. Dies stellt insbesondere in dynamischen Umgebungen mit zahlrei-

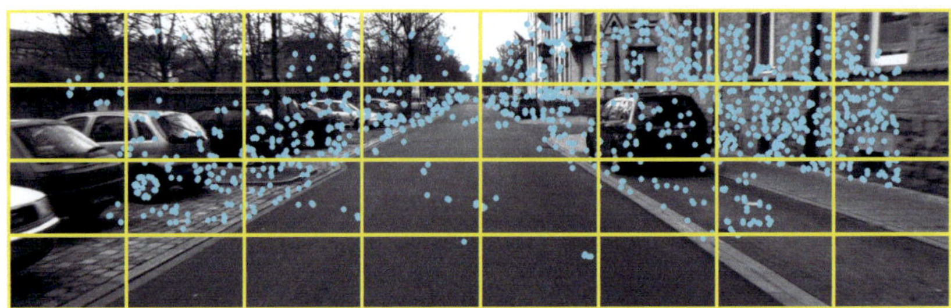

(a) Punktkorrespondenzen für die visuelle Schätzung der Fahrzeugeigenbewegung.

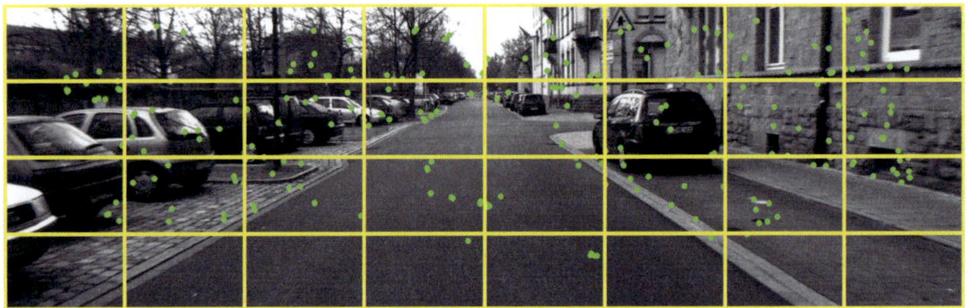

(b) Verbleibende Punktkorrespondenzen nach der Merkmalsauswahl.

Abbildung 4.4: Veranschaulichung des Bucketings zur gleichmäßigen Verteilung der Punktkorrespondenzen.

chen unabhängig bewegten Objekten eine wichtige Voraussetzung für eine robuste Bewegungsschätzung dar, da diese auf der Auswertung statischer Objektpunkte beruht. Weiterhin tritt häufig eine besonders starke Drift in der geschätzten Kamerabewegung auf, wenn die verwendeten Merkmalspunkte im Wesentlichen auf einer Seite des Bildes liegen. Diese kann durch die Gleichverteilung der Punkte über der Bildfläche ebenfalls deutlich reduziert werden [KGL10].

Anhand der so ausgewählten Merkmalspunkte ist eine robuste visuelle Schätzung der Fahrzeugeigenbewegung möglich. Die zugrunde liegende Modellierung des Schätzproblems wird in den folgenden Kapiteln hergeleitet.

4.3 Zeitdiskrete Modellierung des Schätzproblems

Voraussetzung für eine rekursive Bayes'sche Schätzung der Kamerabewegung ist eine geeignete Modellierung des Systemverhaltens. Auf die in dieser Arbeit verwendete zeitdiskrete Modellierung des Schätzproblems wird in den folgenden Kapiteln detailliert eingegangen. Zunächst wird der zu schätzende Zustandsvektor eingeführt, der für die Parametrierung der Kamerabewegung verwendet wird. Darauf aufbauend werden das System- sowie das Beobachtungsmodell hergeleitet, die die zeitliche Entwicklung des Zustandes bzw. die Abhängigkeiten zwischen System-zustand und Beobachtungen beschreiben.

4.3.1 Bewegungsparametrierung

Grundlegend für die rekursive Schätzung der nach Gleichung 4.1 definierten Trans-formation zwischen aufeinanderfolgenden Posen ist eine geeignete Parametrierung der Bewegung des Fahrzeugs. Hierbei muss insbesondere darauf geachtet wer-den, dass die gewählte Parametrierung eine vollständige Beschreibung des System-verhaltens ermöglicht. Diese erlaubt die Modellierung des Systems als Markov-Prozess erster Ordnung und stellt eine wichtige Voraussetzung für die rekursive Bayes'sche Schätzung des Systemzustandes dar (vgl. Anhang A.4).

In dieser Arbeit soll eine möglichst allgemeine Beschreibung der Fahrzeugbewe-gung ermöglicht werden. Vereinfachende Annahmen hinsichtlich eines zugrunde liegenden Bewegungsmodells, z. B. der Bewegung des Fahrzeugs in einer Ebe-ne, werden dementsprechend nicht getroffen. Deshalb ist es notwendig, alle sechs Parameter, durch die eine allgemeine Bewegung im dreidimensionalen Raum be-schrieben werden kann, bei der Parametrierung zu berücksichtigen.

Im Folgenden wird vereinfachend angenommen, dass das Fahrzeugkoordinatensys-tem mit dem Koordinatensystem der linken Kamera übereinstimmt. Dementspre-chend dient das Koordinatensystem der linken Kamera zum vorhergehenden Zeit-schritt als Referenzkoordinatensystem für die Bewegungsschätzung. Anhand dieser Annahme ist es möglich, sowohl die Pose der rechten Kamera zum Zeitschritt $k-1$ als auch die Posen beider Kameras der bewegten Stereoanordnung bezogen auf das Referenzkoordinatensystem zu beschreiben (vgl. Abbildung 4.5).

Eine geeignete Parametrierung der translatorischen Fahrzeugbewegung ergibt sich anhand der translatorischen Geschwindigkeiten $\{V_{X,k}, V_{Y,k}, V_{Z,k}\}$ des Fahrzeugs. Die rotatorische Fahrzeugbewegung kann durch die Winkelgeschwindigkeiten $\{\omega_{X,k}, \omega_{Y,k}, \omega_{Z,k}\}$ dargestellt werden. Sind die genannten Bewegungsparameter sowie die Zeitdifferenz Δt zwischen zwei aufeinanderfolgenden Aufnahmezeit-punkten bekannt, kann der Ursprung des Kamerakoordinatensystems zum aktuel-len Zeitschritt k relativ zum Referenzkoordinatensystem aus dem vorhergehenden Zeitschritt durch

$$\mathbf{C}_{k,k-1} = (V_{X,k} \cdot \Delta t, V_{Y,k} \cdot \Delta t, V_{Z,k} \cdot \Delta t)^\mathsf{T} \tag{4.14}$$

beschrieben werden. Hierbei wird vereinfachend vorausgesetzt, dass die Bewe-gungsparameter innerhalb des Zeitintervalls Δt als konstant angenommen werden

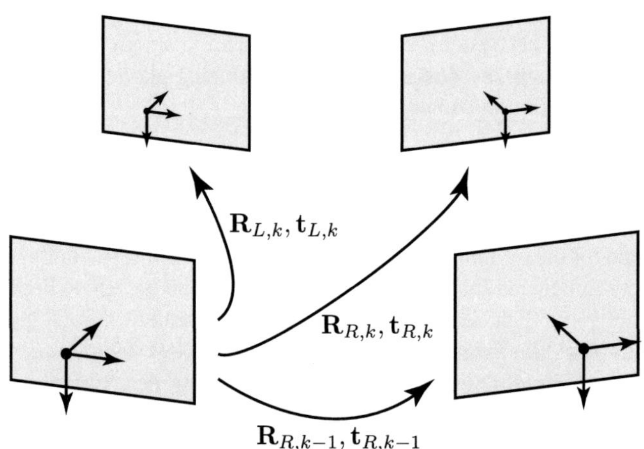

Abbildung 4.5: Veranschaulichung einer exemplarischen Kamerakonfiguration, wie sie für die Eigenbewegungsschätzung verwendet werden kann. Als Referenzkoordinatensystem dient das Kamerakoordinatensystem der linken Kamera zum Zeitpunkt $k-1$. Ausgehend von diesem lassen sich die Posen der verbleibenden Kameras durch die extrinsische Kalibrierung sowie die Bewegung beschreiben.

können. Diese Annahme ist näherungsweise erfüllt, wenn die Bilder mit einer ausreichend hohen Frequenz aufgenommen werden.

Die Orientierung des Koordinatensystems der linken Kamera zum aktuellen Zeitschritt gegenüber dem Referenzkoordinatensystem ist durch

$$\mathbf{R}_{k,k-1} = \mathbf{R}\left(\omega_{X,k} \cdot \Delta t, \omega_{Y,k} \cdot \Delta t, \omega_{Z,k} \cdot \Delta t\right) \tag{4.15}$$

gegeben (vgl. Anhang A.2). Hieraus und unter Berücksichtigung von Gleichung 4.14 kann der Translationsvektor, der die relative Verschiebung des Koordinatenursprungs aufgrund der Bewegung darstellt, gemäß

$$\mathbf{t}_{k,k-1} = -\mathbf{R}_{k,k-1} \cdot \mathbf{C}_{k,k-1} \tag{4.16}$$

bestimmt werden. Basierend auf den beiden Größen $\{\mathbf{R}_{k,k-1}, \mathbf{t}_{k,k-1}\}$ ist somit eine vollständige Beschreibung der nach Gleichung 4.1 definierten Transformation $\mathbf{T}_{k,k-1}$ zwischen den beiden Koordinatensystemen in Abhängigkeit von den Bewegungsparametern des Fahrzeugs möglich.

Zusammenfassend kann die Bewegung des Fahrzeugs im dreidimensionalen Raum vollständig anhand des Zustandsvektors

$$\mathbf{s}_k = \left(V_{X,k}, V_{Y,k}, V_{Z,k}, \omega_{X,k}, \omega_{Y,k}, \omega_{Z,k}\right)^{\mathsf{T}} \tag{4.17}$$

beschrieben werden, der sowohl die translatorischen als auch die rotatorischen Bewegungskomponenten beinhaltet.

Zur Modellierung der Unsicherheit des Systemzustandes, die für die Bayes'sche Formulierung des Schätzproblems erforderlich ist, wird vereinfachend angenommen, dass diese einer multivariaten Normalverteilung genügt und durch die Wahrscheinlichkeitsdichtefunktion

$$p\left(\mathbf{s}_k\right) = \mathcal{N}\left(\mathbf{s}_k | \boldsymbol{\mu}_{\mathbf{s},k}, \boldsymbol{\Sigma}_{\mathbf{s},k}\right) \tag{4.18}$$

beschrieben werden kann. Hierbei bezeichnet $\boldsymbol{\mu}_{\mathbf{s},k}$ den Mittelwert und $\boldsymbol{\Sigma}_{\mathbf{s},k}$ die Kovarianzmatrix des Systemzustandes $\mathbf{s}_k$ zum Zeitschritt k.

Die gewählte Parametrierung der Fahrzeugbewegung anhand der translatorischen und rotatorischen Geschwindigkeiten stellt die Grundlage für eine Bayes'sche Schätzung des Systemzustandes dar. Für eine rekursive Schätzung der Bewegung ist weiterhin die Definition eines System- sowie eines Beobachtungsmodells notwendig. Die in dieser Arbeit gewählte Modellierung wird in den folgenden Kapiteln detailliert beschrieben.

4.3.2 Systemmodell

Basierend auf dem gewählten Systemmodell ist es möglich, den Zustand $\mathbf{s}_k$ des Systems zum Zeitpunkt k vorherzusagen, wenn der Systemzustand zum Zeitpunkt $k-1$ bekannt ist. Im Allgemeinen kann dieser Zusammenhang gemäß

$$\mathbf{s}_k = g\left(\mathbf{s}_{k-1}\right) + \mathbf{v}_k \tag{4.19}$$

dargestellt werden, wobei der Rauschterm $\mathbf{v}_k$ Unsicherheiten in der modellierten Systemdynamik berücksichtigt. Für diese Unsicherheiten wird angenommen, dass sie durch eine normalverteilte, weiße Rauschsequenz $\mathbf{v}_k \sim \mathcal{N}\left(\mathbf{0}, \boldsymbol{\Sigma}_{\mathbf{v},k}\right)$ mit Mittelwert $\mathbf{0}$ und Kovarianz $\boldsymbol{\Sigma}_{\mathbf{v},k}$ beschrieben werden können.

Für Straßenfahrzeuge werden meist einschränkende Annahmen hinsichtlich der möglichen Bewegungen eingeführt, die sich auf den resultierenden Zustandsübergang $g\left(\cdot\right)$ auswirken. Neben der Beschränkung auf Bewegungen in der Ebene, wie sie beispielsweise in [CJYC11] verwendet werden, werden in [CGDM09, Sca11] die nichtholonomen Zwangsbedingungen (vgl. [SSVO09]) bei der Modellierung des dynamischen Verhaltens berücksichtigt.

Die Verwendung solcher Bewegungsmodelle führt aufgrund der geringeren Anzahl zu schätzender Parameter zu einer Reduktion des Berechnungsaufwandes bei der Bestimmung der Fahrzeugbewegung. Weiterhin führt die Berücksichtigung von

Bewegungsmodellen, wie in [SRW08] gezeigt, zu einer Erhöhung der Genauigkeit sowie einer verbesserten Robustheit der Algorithmen gegenüber Ausreißern in den Beobachtungen, solange die Modellannahmen erfüllt sind.

Allerdings schränkt die Berücksichtigung von Bewegungsmodellen die Anwendbarkeit der Algorithmen deutlich ein. Die Beschränkung auf Bewegungen in der Ebene führt dazu, dass einige im Straßenverkehr vorkommende Bewegungsprofile nicht korrekt behandelt werden können. So ist es unter den genannten Annahmen beispielsweise nicht möglich, Brücken oder Steigungen zu befahren, ohne die Modellannahmen zu verletzen. Jede Verletzung der Modellannahmen resultiert letztendlich jedoch in ungenauen Schätzungen der Fahrzeugbewegung [CGDM09].

Aus den genannten Gründen wird in dieser Arbeit eine möglichst allgemeingültige Beschreibung der Bewegung verwendet. Bei der Modellierung des dynamischen Verhaltens des Systems wird von einer konstanten Geschwindigkeit des Fahrzeugs sowohl in den translatorischen als auch in den rotatorischen Bewegungskomponenten ausgegangen, wodurch sich ein Zustandsübergang der Form

$$\mathbf{s}_k = g\left(\mathbf{s}_{k-1}\right) + \mathbf{v}_k = \mathbf{s}_{k-1} + \mathbf{v}_k \tag{4.20}$$

ergibt. Abweichungen von der gewählten Modellierung, wie sie beispielsweise durch Brems- oder Beschleunigungsvorgänge auftreten, werden in den Rauschgrößen $\mathbf{v}_k$ berücksichtigt. Diese werden als normalverteilt, mittelwertfrei und paarweise unkorreliert angenommen. Anhand dieser Annahmen ergibt sich die Systemkovarianzmatrix zu:

$$\boldsymbol{\Sigma}_{\mathbf{v},k} = \mathrm{diag}\left(\sigma^2_{V_X,k}, \sigma^2_{V_Y,k}, \sigma^2_{V_Z,k}, \sigma^2_{\omega_X,k}, \sigma^2_{\omega_Y,k}, \sigma^2_{\omega_Z,k}\right) \tag{4.21}$$

Diese wird für die weiteren Betrachtungen als gegeben vorausgesetzt.

4.3.3 Beobachtungsmodell

Um den Systemzustand schätzen zu können, stehen unsicherheitsbehaftete Messwerte $\widehat{\mathbf{z}}_k$, im vorliegenden Fall Punktkorrespondenzen zwischen den Bildern eines Stereokamerasystems, zur Verfügung. Ein Zusammenhang zwischen dem Systemzustand und den Beobachtungen ist durch die Beobachtungsgleichung

$$\widehat{\mathbf{z}}_k = h\left(\mathbf{s}_k\right) + \mathbf{n}_k \tag{4.22}$$

gegeben (vgl. [GA08]). Unsicherheiten in den Beobachtungen sind durch den Rauschvektor $\mathbf{n}_k$ definiert. Für diesen wird angenommen, dass er durch einen normalverteilten, weißen Prozess gemäß $\mathbf{n}_k \sim \mathcal{N}\left(\mathbf{0}, \boldsymbol{\Sigma}_{\mathbf{n},k}\right)$ mit Mittelwert $\mathbf{0}$ und Kovarianz $\boldsymbol{\Sigma}_{\mathbf{n},k}$ beschrieben werden kann.

Der in Gleichung 4.22 definierte Zusammenhang $h\,(\cdot)$ zwischen der aktuellen Bewegung $\mathbf{s}_k$ des Fahrzeugs und den zu erwartenden, optimalen Beobachtungen $\mathbf{z}_k$ wird im Folgenden hergeleitet.

Die Projektionsmatrizen der linken und rechten Kamera eines bewegten Stereokamerasystems zu den Zeitschritten $k-1$ und k können gemäß

$$\mathbf{P}_{L,k-1} = \mathbf{K}_{L,k-1} \cdot [\mathbf{I}|\mathbf{0}] \tag{4.23}$$

$$\mathbf{P}_{R,k-1} = \mathbf{K}_{R,k-1} \cdot [\mathbf{R}_{R,k-1}|\mathbf{t}_{R,k-1}] \tag{4.24}$$

$$\mathbf{P}_{L,k} = \mathbf{K}_{L,k} \cdot [\mathbf{R}_{L,k}|\mathbf{t}_{L,k}] \tag{4.25}$$

$$\mathbf{P}_{R,k} = \mathbf{K}_{L,k} \cdot [\mathbf{R}_{R,k}|\mathbf{t}_{R,k}] \tag{4.26}$$

dargestellt werden, wobei davon ausgegangen wird, dass das Koordinatensystem der linken Kamera zum Zeitschritt $k-1$ das Referenzkoordinatensystem repräsentiert (vgl. Abbildung 4.5). Die intrinsischen Parameter der beiden Kameras zu den Zeitpunkten $k-1$ und k werden durch die Größen $\{\mathbf{K}_{L,k-1}, \mathbf{K}_{L,k}\}$ bzw. $\{\mathbf{K}_{R,k-1}, \mathbf{K}_{R,k}\}$ definiert.

Die Position und Orientierung der linken Kamera zum Zeitschritt k ist lediglich von der Bewegung des Fahrzeugs abhängig, sodass die Pose dieser Kamera durch

$$\mathbf{R}_{L,k} = \mathbf{R}_{k,k-1} \tag{4.27}$$

$$\mathbf{t}_{L,k} = \mathbf{t}_{k,k-1} \tag{4.28}$$

beschrieben werden kann. Die Rotationsmatrix $\mathbf{R}_{k,k-1}$ sowie der Translationsvektor $\mathbf{t}_{k,k-1}$, die durch die Bewegung hervorgerufen werden, können anhand von Gleichung 4.15 bzw. 4.16 aus den Bewegungsparametern $\mathbf{s}_k$ berechnet werden.

Zur Beschreibung der Pose der rechten Kamera im Referenzkoordinatensystem kann die extrinsische Kalibrierung

$$\mathbf{R}_{R,k-1} = \mathbf{R}_{E,k-1} \tag{4.29}$$

$$\mathbf{t}_{R,k-1} = \mathbf{t}_{E,k-1} \tag{4.30}$$

zwischen den beiden Kameras der Stereoanordnung zum Zeitpunkt $k-1$ verwendet werden.

Die Pose der rechten Kamera zum Zeitschritt k ergibt sich durch eine Verkettung der Posenänderung, die durch die Bewegung der Kamera hervorgerufen wird, sowie der extrinsischen Kamerakalibrierung $\{\mathbf{R}_{E,k}, \mathbf{t}_{E,k}\}$ zum Zeitpunkt k gemäß

$$\mathbf{R}_{R,k} = \mathbf{R}_{E,k} \cdot \mathbf{R}_{k,k-1} \tag{4.31}$$

$$\mathbf{t}_{R,k} = \mathbf{R}_{E,k} \cdot \mathbf{t}_{k,k-1} + \mathbf{t}_{E,k}. \tag{4.32}$$

Prinzipiell erlaubt es der hergeleitete Ansatz, dass sich sowohl die intrinsische als auch die extrinsische Kalibrierung der Stereoanordnung zwischen aufeinanderfolgenden Zeitpunkten ändern kann, sodass der Algorithmus auch bei aktiven Stereokamerasystemen eingesetzt werden kann. Vorausgesetzt wird lediglich, dass eine vollständige Kalibrierung der Stereoanordnung zu jedem Zeitschritt bekannt ist.

Um eine übersichtlichere Herleitung der verbleibenden Zusammenhänge zu ermöglichen wird im Folgenden angenommen, dass die Kalibrierung der Stereoanordnung im Voraus bestimmt wurde und sich mit der Zeit nicht ändert. Für die extrinsische Kalibrierung des Stereokamerasystems zu aufeinanderfolgenden Zeitpunkten gilt demnach:

$$\mathbf{R}_E = \mathbf{R}_{E,k-1} = \mathbf{R}_{E,k}$$
$$\mathbf{t}_E = \mathbf{t}_{E,k-1} = \mathbf{t}_{E,k}$$

Die intrinsische Kalibrierung der linken und rechten Kamera der Stereoanordnung ergibt sich vereinfachend zu:

$$\mathbf{K}_L = \mathbf{K}_{L,k-1} = \mathbf{K}_{L,k}$$
$$\mathbf{K}_R = \mathbf{K}_{R,k-1} = \mathbf{K}_{R,k}$$

Sind die Projektionsmatrizen aller Kameras bekannt, können die geometrischen Zusammenhänge zwischen den beiden Kameraposen zum Zeitschritt $k-1$ und der Pose jeweils einer Kamera der Stereoanordnung zum Zeitschritt k durch die beiden Trifokaltensoren

$$\mathcal{T}_{L,k} = \mathcal{T}\left(\mathbf{K}_L, \mathbf{K}_R, \mathbf{R}_E, \mathbf{t}_E, \mathbf{R}_{L,k}, \mathbf{t}_{L,k}, \Delta t\right) \tag{4.33}$$
$$\mathcal{T}_{R,k} = \mathcal{T}\left(\mathbf{K}_L, \mathbf{K}_R, \mathbf{R}_E, \mathbf{t}_E, \mathbf{R}_{R,k}, \mathbf{t}_{R,k}, \Delta t\right) \tag{4.34}$$

dargestellt werden. Diese sind von der intrinsischen und extrinsischen Kalibrierung des Stereokamerasystems abhängig, welche wie bereits erwähnt als konstant angenommen wird.

Weiterhin hängen die beiden Trifokaltensoren über die Rotationsmatrizen $\mathbf{R}_{L,k}$ und $\mathbf{R}_{R,k}$ sowie die Translationsvektoren $\mathbf{t}_{L,k}$ und $\mathbf{t}_{R,k}$ von den Bewegungsparametern, d. h. dem zu schätzenden Systemzustand $\mathbf{s}_k$, ab. Die Berechnung der beiden Trifokaltensoren basierend auf den Projektionsmatrizen kann gemäß Gleichung 2.17 erfolgen.

Ein Zusammenhang zwischen den zu schätzenden Bewegungsparametern $\mathbf{s}_k$ sowie den im Bild beobachteten Merkmalspunkten $\mathbf{z}_k$ kann anhand der Transfereigenschaft des Trifokaltensors (vgl. Gleichung 2.18) hergestellt werden. Anhand dieser

(a) Erwartete Merkmalspunkte im linken Bild zum Zeitpunkt k.

(b) Detektierte Punktkorrespondenzen im linken Bild zum Zeitpunkt $k - 1$.

Abbildung 4.6: Veranschaulichung des Zusammenhangs zwischen den Bewegungsparametern und den Beobachtungen. Basierend auf Merkmalskorrespondenzen $\mathbf{x}_{L,k-1} \leftrightarrow \mathbf{x}_{R,k-1}$ können die anhand der Bewegung erwarteten Punkte zum Zeitschritt k bestimmt werden.

kann bei bekanntem Trifokaltensor der mit einer Punktkorrespondenz in zwei Ansichten korrespondierende Bildpunkt in der dritten Ansicht der Szene berechnet werden (vgl. Kapitel 2.3).

Für den konkreten Fall der Bewegungsschätzung bedeutet dies, dass für eine Punktkorrespondenz $\mathbf{x}_{L,k-1} \leftrightarrow \mathbf{x}_{R,k-1}$ zwischen dem linken und rechten Bild des Stereokamerasystems zum Zeitschritt $k - 1$, der jeweils korrespondierende Bildpunkt in den beiden Ansichten des bewegten Stereokamerasystems zum Zeitpunkt k gemäß

$$\mathbf{x}_{L,k} = h_L \left(\mathcal{T}_{L,k}, \mathbf{x}_{L,k-1}, \mathbf{x}_{R,k-1} \right) \tag{4.35}$$

$$\mathbf{x}_{R,k} = h_R \left(\mathcal{T}_{R,k}, \mathbf{x}_{L,k-1}, \mathbf{x}_{R,k-1} \right) \tag{4.36}$$

bestimmt werden kann. Dieser Zusammenhang ist in Abbildung 4.6 exemplarisch anhand eines Beispielbildes veranschaulicht. Der Übersichtlichkeit halber sind lediglich die linken Bilder der Stereoanordnung dargestellt, auf die Darstellung der beiden rechten Kamerabilder wurde verzichtet.

Abbildung 4.6b zeigt Merkmalspunkte im linken Bild, für die Korrespondenzen $\mathbf{x}_{L,k-1} \leftrightarrow \mathbf{x}_{R,k-1}$ zwischen den beiden Bildern der Stereoanordnung zum Zeitpunkt $k - 1$ gefunden werden konnten. Diese Punktkorrespondenzen werden anhand der geschätzten Bewegungsparameter sowie der Transfereigenschaft des Trifokaltensors in die beiden Bilder zum Zeitschritt k projiziert. Abbildung 4.6a zeigt die Punkte zum Zeitpunkt k, die sich anhand dieses Transfers ergeben. Ersichtlich ist hierbei, dass sowohl die detektierten Punkte im vorhergehenden Kamerabild (vgl. Abbildung 4.6b) als auch die transferierten Punkte im aktuellen Bild (vgl. Abbildung 4.6a) Abbildungen der selben Szenenpunkte darstellen.

Wurden in den vier Bildern des bewegten Stereokamerasystems N Punktkorrespondenzen $\mathbf{x}^i_{L,k-1} \leftrightarrow \mathbf{x}^i_{R,k-1} \leftrightarrow \mathbf{x}^i_{L,k} \leftrightarrow \mathbf{x}^i_{R,k}$ mit $i \in \{1, \dots, N\}$ gefunden, ergibt sich der Beobachtungsvektor $\mathbf{z}_k \in \mathbb{R}^{4N}$ durch Zusammenfassen aller Punktkorrespondenzen in den beiden Ansichten zum Zeitpunkt k gemäß

$$\mathbf{z}_k = \left(\mathbf{x}^1_{L,k}, \mathbf{x}^1_{R,k}, \mathbf{x}^2_{L,k}, \mathbf{x}^2_{R,k}, \dots, \mathbf{x}^N_{L,k}, \mathbf{x}^N_{R,k}\right)^{\mathsf{T}}. \tag{4.37}$$

Zur Bestimmung der erwarteten Beobachtungen anhand des Zustandsvektors genügt es, die nach Gleichung 4.35 bzw. 4.36 definierten Zusammenhänge zwischen dem Zustandsvektor und den Beobachtungen im jeweils linken und rechten Bild zusammenzufassen. Für eine beliebige Punktkorrespondenz i ergibt sich somit die Beobachtungsgleichung

$$\begin{aligned}
\mathbf{z}^i_k &= \begin{pmatrix} \mathbf{x}^i_{L,k} \\ \mathbf{x}^i_{R,k} \end{pmatrix} = h^i\left(\mathcal{T}_{L,k}, \mathcal{T}_{R,k}, \mathbf{x}^i_{L,k-1}, \mathbf{x}^i_{R,k-1}\right) \\
&= \begin{pmatrix} h^i_L\left(\mathcal{T}_{L,k}, \mathbf{x}^i_{L,k-1}, \mathbf{x}^i_{R,k-1}\right) \\ h^i_R\left(\mathcal{T}_{R,k}, \mathbf{x}^i_{L,k-1}, \mathbf{x}^i_{R,k-1}\right) \end{pmatrix}.
\end{aligned} \tag{4.38}$$

Eine gemeinsame Beobachtungsgleichung für alle N Punktkorrespondenzen, die in den Bildern detektiert wurden, ist durch Zusammenfassen der einzelnen Beobachtungsgleichungen h^i für $i \in \{1, \dots, N\}$ gemäß

$$\mathbf{z}_k = h\left(\mathbf{s}_k\right) = \begin{pmatrix} h^1\left(\mathcal{T}_{L,k}, \mathcal{T}_{R,k}, \mathbf{x}^1_{L,k-1}, \mathbf{x}^1_{R,k-1}\right) \\ h^2\left(\mathcal{T}_{L,k}, \mathcal{T}_{R,k}, \mathbf{x}^2_{L,k-1}, \mathbf{x}^2_{R,k-1}\right) \\ \vdots \\ h^N\left(\mathcal{T}_{L,k}, \mathcal{T}_{R,k}, \mathbf{x}^N_{L,k-1}, \mathbf{x}^N_{R,k-1}\right) \end{pmatrix} \tag{4.39}$$

gegeben. Demnach hängen die erwarteten Beobachtungen $\mathbf{z}_k$ lediglich von der bekannten Kamerakalibrierung, den detektierten Punktkorrespondenzen zwischen linkem und rechtem Bild der Stereoanordnung zum Zeitpunkt $k - 1$ sowie den zu schätzenden Bewegungsparametern $\mathbf{s}_k$ ab.

Unsicherheiten in den beobachteten Größen werden durch die Kovarianzmatrix

$$\boldsymbol{\Sigma}_{\mathbf{n},k} = \begin{bmatrix} \boldsymbol{\Sigma}^1_{\mathbf{x},L,k} & \mathbf{0} & \cdots & & & \mathbf{0} \\ \mathbf{0} & \boldsymbol{\Sigma}^1_{\mathbf{x},R,k} & & & & \\ & & \boldsymbol{\Sigma}^2_{\mathbf{x},L,k} & & & \vdots \\ \vdots & & & \ddots & & \\ & & & & \boldsymbol{\Sigma}^N_{\mathbf{x},L,k} & \mathbf{0} \\ \mathbf{0} & & \cdots & & \mathbf{0} & \boldsymbol{\Sigma}^N_{\mathbf{x},R,k} \end{bmatrix} \in \mathbb{R}^{4N \times 4N} \quad (4.40)$$

berücksichtigt, wobei angenommen wird, dass die detektierten Merkmalspunkte paarweise unkorreliert sind. Die Lokalisierungsgenauigkeit eines einzelnen Bildpunktes i im Bild der linken bzw. rechten Kamera wird hierbei durch dessen Kovarianzmatrix $\boldsymbol{\Sigma}^i_{\mathbf{x},L,k}$ bzw. $\boldsymbol{\Sigma}^i_{\mathbf{x},R,k}$ repräsentiert.

Anstatt die detektierten Merkmalspunkte in beiden Bildern als Beobachtungen für die Bewegungsschätzung zu verwenden, kann alternativ auch nur jeweils eines der beiden Kamerabilder zum Zeitpunkt k ausgewertet werden. Abhängig davon, ob für die Schätzung der Eigenbewegung die Merkmalspunkte im Bild der linken oder der rechten Kamera verwendet werden, führt dies zu einem reduzierten Beobachtungsvektor $\mathbf{z}_k \in \mathbb{R}^{2N}$ der Form

$$\mathbf{z}_k = \left(\mathbf{x}^1_{\mathcal{C},k}, \mathbf{x}^2_{\mathcal{C},k}, \ldots, \mathbf{x}^N_{\mathcal{C},k} \right)^\top, \quad (4.41)$$

wobei $\mathcal{C} \in \{L, R\}$ die verwendete Kamera der Stereoanordnung bezeichnet. Das durch Gleichung 4.39 gegebene Beobachtungsmodell $h\left(\mathbf{s}_k\right)$ sowie die nach Gleichung 4.40 definierte Kovarianzmatrix müssen entsprechend angepasst werden.

Die Verwendung der Merkmalspunkte in nur einem Kamerabild zum Zeitschritt k führt aufgrund der reduzierten Anzahl an Beobachtungen zu einem geringeren Berechnungsaufwand, reduziert jedoch die Genauigkeit der Schätzung, was in Kapitel 4.6 gezeigt wird.

4.4 Rekursive Schätzung der Kamerabewegung

Mit dem Zustandsvektor, dem Systemmodell sowie dem Beobachtungsmodell sind alle Voraussetzungen für eine rekursive Schätzung der Fahrzeugeigenbewegung gegeben. Aufgrund der Annahme normalverteilter Wahrscheinlichkeitsdichtefunktionen für den Zustand, das System- sowie das Beobachtungsrauschen, kann für die

Zustandsschätzung ein Kalman-Filter (vgl. Anhang A.4) verwendet werden. Die einzelnen Schritte des Schätzprozesses werden in den folgenden Kapiteln näher beschrieben.

4.4.1 Prädiktion

Bei der Prädiktion erfolgt eine zeitliche Vorhersage des Systemzustandes $\widehat{\mathbf{s}}_k^-$ für den aktuellen Zeitschritt k anhand einer bekannten Schätzung $\widehat{\mathbf{s}}_{k-1}$ des Zustandes aus dem vorhergehenden Zeitschritt $k-1$. Maßgebend für den Prädiktionsschritt ist das in Kapitel 4.3.2 definierte Systemmodell, welches das dynamische Verhalten des Systems beschreibt.

Aufgrund des gemäß Gleichung 4.20 definierten linearen Zustandsübergangs kann im Prädiktionsschritt ein lineares Kalman-Filter (vgl. Anhang A.4) verwendet werden. Hieraus resultiert eine optimale Schätzung der Wahrscheinlichkeitsdichtefunktion des prädizierten Systemzustandes [GA08].

4.4.2 Innovation

Stehen neue Beobachtungen $\widehat{\mathbf{z}}_k$ zur Verfügung, kann eine Aktualisierung des prädizierten Systemzustandes $\widehat{\mathbf{s}}_k^-$ erfolgen. Diese Aktualisierung basiert auf dem in Kapitel 4.3.3 beschriebenen Beobachtungsmodell, welches einen Zusammenhang zwischen dem zu schätzenden Systemzustand und den Beobachtungen liefert. Der nichtlineare Zusammenhang zwischen diesen beiden Größen muss bei der Schätzung jedoch explizit berücksichtigt werden, weshalb im Innovationsschritt kein lineares Kalman-Filter verwendet werden kann.

Üblicherweise werden bei Nichtlinearitäten in der Modellierung erweiterte Kalman-Filter oder samplingbasierte[1] Filter (vgl. Anhang A.4) für die Zustandsschätzung verwendet. Um ein erweitertes Kalman-Filter anwenden zu können, muss die Beobachtungsgleichung am betrachteten Arbeitspunkt linearisiert werden. Dies erfordert die Berechnung der Jacobi-Matrix der Beobachtungsgleichung $h\,(\mathbf{s}_k)$ bezüglich des Zustandsvektors $\mathbf{s}_k$. Es ist zwar meist möglich die Jacobi-Matrix der Beobachtungsgleichung analytisch zu bestimmen, die resultierende Linearisierung liefert jedoch nicht immer ausreichend gute Ergebnisse. Weiterhin ist die Evaluation der Jacobi-Matrix häufig relativ rechenintensiv [GA08].

Bessere Schätzergebnisse können im Allgemeinen erzielt werden, wenn samplingbasierte Filter verwendet werden. Diese setzen keine Linearisierung der Be-

---

[1] Im Gegensatz zum Partikel-Filter, bei dem die Stichprobenelemente zufällig gezogen werden, erfolgt die Wahl der Stichprobenelemente beim UKF bzw. ISPKF deterministisch [MB11].

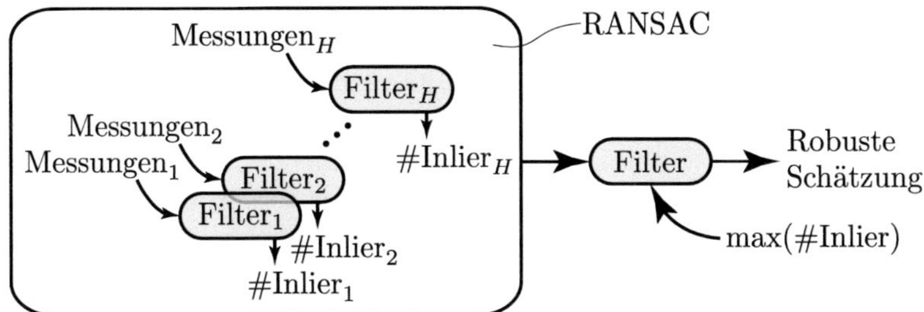

Abbildung 4.7: Vorgehensweise bei der robusten Schätzung der Bewegungsparameter. Zunächst werden H Bewegungshypothesen erzeugt und die Inlier bestimmt. Abschließend erfolgt eine Schätzung basierend auf der größten Menge an Inliern.

obachtungsgleichung voraus, sondern verwenden direkt den nichtlinearen Zusammenhang zwischen dem Systemzustand und den Beobachtungen um die a-posteriori-Wahrscheinlichkeitsdichtefunktion, d. h. deren Mittelwert und Kovarianz, zu schätzen (vgl. Anhang A.4) [MB11]. Eine Verbesserung der Schätzergebnisse, insbesondere im Falle hochgradig nichtlinearer Funktionen, kann häufig mithilfe iterativer Schätzverfahren erreicht werden [SSM06].

Im vorliegenden Anwendungsfall ist es zwar möglich, die Jacobi-Matrix des in Gleichung 4.38 definierten Beobachtungsmodells analytisch zu bestimmen. Bessere Ergebnisse hinsichtlich der Genauigkeit der geschätzten Bewegungsparameter können jedoch durch Verwendung eines samplingbasierten Filters erzielt werden, was in Kapitel 4.5 genauer analysiert wird.

4.4.3 Robuste Innovation

Neben der Genauigkeit der geschätzten Bewegungsparameter spielt die Robustheit des Verfahrens gegenüber nicht modellierten Einflüssen eine weitere zentrale Rolle. Werden fehlerhafte Merkmalskorrespondenzen oder Merkmalspunkte auf unabhängig bewegten Objekten bei der Bewegungsschätzung berücksichtigt, resultiert dies in stark fehlerhaften Schätzergebnissen, was in Kapitel 4.6 detailliert untersucht wird. Um auch in diesen Fällen eine zuverlässige Schätzung des Systemzustandes gewährleisten zu können, wird der Innovationsschritt erweitert, sodass Ausreißer robust detektiert werden können. Für die eigentliche Schätzung werden lediglich diejenigen Punktkorrespondenzen verwendet, die nicht als Ausreißer klassifiziert wurden, sogenannte Inlier.

Zur Berücksichtigung von Ausreißern kommt das in [FB81] vorgestellte Random Sample Consensus (RANSAC)-Verfahren zum Einsatz. Hierbei werden aus der gesamten Menge an Beobachtungen zufällige Untermengen gezogen. Basierend auf jeder dieser H Untermengen wird eine Modellhypothese generiert, d. h. eine Schätzung des Systemzustandes durchgeführt. Alle Beobachtungen werden anschließend dahingehend überprüft, ob sie mit der aktuellen Hypothese übereinstimmen. Im letzten Schritt wird, basierend auf der größten Menge von Beobachtungen, die für eine getestete Hypothese als Inlier erkannt wurden, eine finale Schätzung durchgeführt (vgl. Abbildung 4.7). Alle anderen Punkte werden als Ausreißer klassifiziert und verworfen.

Im konkreten Fall bedeutet dies, dass aus der Menge detektierter Punktkorrespondenzen mehrfach zufällig eine Teilmenge ausgewählt wird. Basierend auf jeder dieser Teilmengen wird ein Innovationsschritt gemäß Kapitel 4.4.2 durchgeführt. Anhand der daraus resultierenden Bewegungsparameter werden alle Punktkorrespondenzen aus dem vorherigen Stereobildpaar in das aktuelle Bildpaar projiziert und der Fehler zwischen projiziertem und beobachtetem Punkt ausgewertet. Ist der euklidische Rückprojektionsfehler für eine Punktkorrespondenz in mindestens einem der beiden Bilder größer als ein vorgegebener Schwellwert, wird der Punkt als Ausreißer klassifiziert.

Für die finale Bewegungsschätzung wird lediglich die größte Menge an Inliern verwendet, die restlichen Punktkorrespondenzen werden verworfen. Abbildung 4.8 zeigt die Auswahl der Merkmalspunkte für die finale Schätzung exemplarisch anhand eines Beispielbildes.

4.5 Filterauswahl

Das vorgestellte Verfahren zur visuellen Schätzung der Fahrzeugeigenbewegung erlaubt die Verwendung beliebiger Bayes-Filter zur Bestimmung der a-posteriori-Wahrscheinlichkeitsdichteverteilung und der sich daraus ergebenden optimalen Schätzung des zugrunde liegenden Zustandsvektors. Die Wahl des Filters beeinflusst jedoch die erzielbare Genauigkeit des Schätzergebnisses sowie die Laufzeit des Algorithmus. In diesem Kapitel wird der Einfluss des gewählten Filters auf die Genauigkeit der Schätzung sowie die benötigte Rechenzeit analysiert.

Aufgrund der Nichtlinearitäten in der Beobachtungsgleichung kommen für die Schätzung nur solche Filter in Frage, die diesen Umstand explizit berücksichtigen. Deshalb werden nur das erweiterte Kalman-Filter (EKF), das Unscented Kalman-Filter (UKF) sowie deren iterative Versionen IEKF bzw. ISPKF untersucht (vgl. Anhang A.4).

Abbildung 4.8: Veranschaulichung der Merkmalsauswahl innerhalb des robusten Innovationsschrittes. Die dargestellten Punkte sind Projektionen von Korrespondenzen $\mathbf{x}_{L,k-1} \leftrightarrow \mathbf{x}_{R,k-1}$ in die Bilder zum Zeitschritt k (hier: linkes Bild), basierend auf den geschätzten Bewegungsparametern. Ist der euklidische Abstand zwischen detektiertem und erwartetem Punkt zu groß (rot) werden die Punkte als Ausreißer betrachtet. Nur die Inlier (grün) der besten Hypothese werden bei der finalen Bewegungsschätzung berücksichtigt.

Zum Vergleich der unterschiedlichen Schätzverfahren kommen simulierte Daten zur Anwendung. Hierzu werden basierend auf gegebenen Bewegungsparametern[2] sämtliche Kameraposen der resultierende Trajektorie berechnet, wobei insgesamt 2000 Posen zur Verfügung stehen. Für jede Pose innerhalb der Trajektorie werden simulierte Szenenpunkte auf die Bildebenen der Kameras projiziert, welche als Punktkorrespondenzen dienen.

Zur Simulation von Sensorrauschen sowie von Ungenauigkeiten in der Merkmalsdetektion werden die projizierten Punkte nachträglich durch additives, mittelwertfreies Gauß'sches Rauschen mit Standardabweichung σ verrauscht. Weiterhin werden Ausreißer erzeugt, deren Position stark von der erwarteten Position abweicht. Dies ist nötig, um den Einfluss von Fehlzuordnungen bei der Korrespondenzsuche sowie Merkmalspunkte auf unabhängig bewegten Objekten zu simulieren, welche das Schätzergebnis beeinflussen.

Um eine quantitative Aussage über die Qualität der Schätzung treffen zu können, wird die auf die Länge der Trajektorie bezogene Drift zwischen der Referenztrajektorie und der geschätzten Trajektorie sowie der mittlere quadratische Fehler (*engl.* mean squared error (MSE))

$$\mathrm{MSE}_\mathcal{V} = \frac{1}{K} \cdot \sum_{k=1}^{K} \left(\widehat{s}_{\mathcal{V},k} - s_{\mathcal{V},k} \right)^2 \tag{4.42}$$

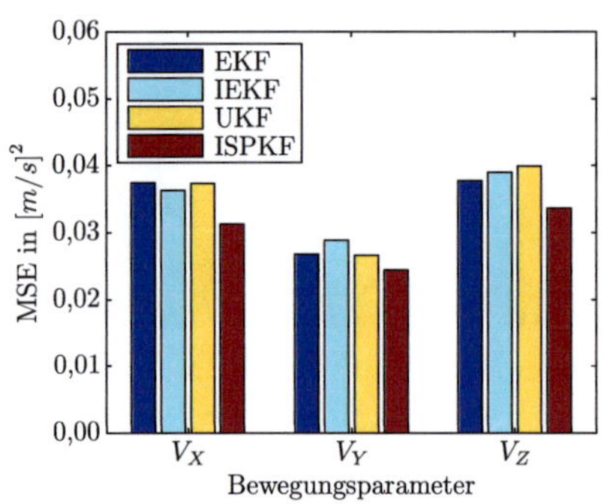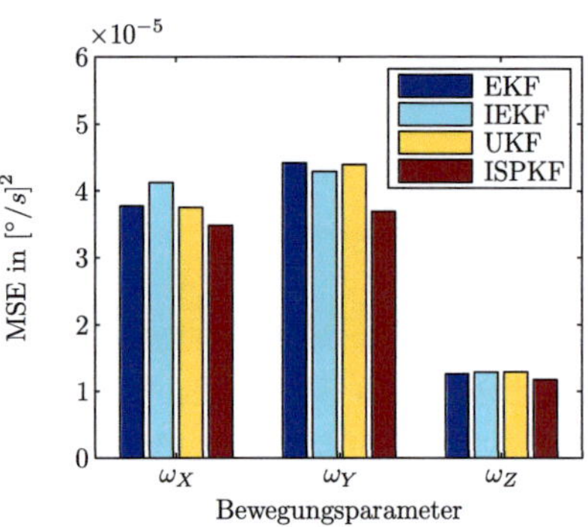

(a) Einfluss des gewählten Schätzalgorithmus auf den MSE in den translatorischen Bewegungsparametern.

(b) Einfluss des gewählten Schätzalgorithmus auf den MSE in den rotatorischen Bewegungsparametern.

Abbildung 4.9: Vergleich unterschiedlicher Bayes-Filter bezüglich ihrer Anwendbarkeit zur visuellen Bewegungsschätzung. Ausgewertet wird der MSE in den einzelnen Bewegungskomponenten in Abhängigkeit des Schätzverfahrens.

der einzelnen Bewegungsparameter über alle betrachteten Bildpaare verwendet. Hierbei bezeichnet K die Anzahl ausgewerteter Schätzungen und $s_\mathcal{V}$ mit $\mathcal{V} \in \{V_X, V_Y, V_Z, \omega_X, \omega_Y, \omega_Z\}$ die ausgewerteten Bewegungsparameter.

Zum Vergleich der unterschiedlichen Filteralgorithmen wird eine Simulation durchgeführt, bei der den Bildpunkten additives Gauß'sches Rauschen mit einer Standardabweichung von 0,5 Pixel überlagert wird. Zur Simulation von Fehlzuordnungen in den Merkmalskorrespondenzen sowie Merkmalspunkte auf unabhängig bewegten Objekten werden 10 % Ausreißer in den Punktkorrespondenzen erzeugt.

Die Ergebnisse für die erzielbaren Genauigkeiten in den Bewegungsparametern bei Verwendung unterschiedlicher Filter sind exemplarisch in Abbildung 4.9 dargestellt. Anhand dieser Abbildung ist ersichtlich, dass die nicht-iterativen Filter fast ausnahmslos ähnliche Fehler in den Bewegungsparametern liefern, wobei das UKF im Vergleich zum EKF eine geringfügig schlechtere Schätzung der translatorischen Geschwindigkeit in Fahrzeuglängsrichtung liefert.

Bei der Verwendung iterativer Schätzverfahren ergeben sich abhängig vom verwendeten Filter unterschiedliche Ergebnisse. Die Durchführung mehrerer Iterationsschritte führt beim IEKF sowohl zu einer Verbesserung als auch zu einer Verschlechterung der Schätzung einzelner Bewegungskomponenten im Vergleich zum EKF. Insgesamt ist eine Verschlechterung der Bewegungsschätzung zu beobachten, wenn anstatt des EKF ein IEKF verwendet wird. Gegenüber dem UKF liefert das

ISPKF für alle Bewegungskomponenten eine bessere Schätzung. Zudem sind mit dem ISPKF die besten Ergebnisse unter allen getesteten Algorithmen zu erreichen.

Hinsichtlich des Konvergenzverhaltens der iterativen Filter können keine Unterschiede festgestellt werden. Beide getesteten Filter benötigen durchschnittlich drei Iterationen um auf einen Schätzwert zu konvergieren. Die für die Schätzung benötigten Rechenzeiten sind jedoch stark unterschiedlich. Im Vergleich zum ISPKF benötigt das IEKF etwa die fünffache Rechenzeit für die gleiche Anzahl Iterationsschritte.

Für den betrachteten Anwendungsfall liefert somit das Iterated Sigma-Point Kalman-Filter die besten Ergebnisse hinsichtlich der Genauigkeit der geschätzten Parameter. Die folgende Analyse der Leistungsfähigkeit des vorgestellten Verfahrens basiert daher lediglich auf diesem Filter.

4.6 Bewertung der Leistungsfähigkeit

Abschließend wird die Leistungsfähigkeit des vorgestellten Algorithmus anhand simulierter Daten quantitativ untersucht und hinsichtlich des resultierenden Schätzfehlers bewertet. Verwendet werden hierbei die gleichen Daten wie sie bereits im vorherigen Kapitel beschrieben wurden.

Zunächst wird untersucht, wie stark sich Unsicherheiten in den Beobachtungen auf die Genauigkeit des Schätzergebnisses auswirken. Hierzu werden mehrere Simulationen durchgeführt. In jeder Simulation wird den Merkmalskorrespondenzen additives Gauß'sches Rauschen mit Mittelwert Null und variierender Standardabweichung σ überlagert. Die verbleibenden Parameter sind für alle durchgeführten Simulationen identisch. Ausreißer in den Merkmalskorrespondenzen sind bei dieser Untersuchung nicht vorhanden.

Die Ergebnisse dieser Simulation sind in den Abbildungen 4.10a und 4.10b dargestellt. Ersichtlich ist hierbei, dass sich die mittleren quadratischen Fehler in den Bewegungsparametern mit steigender Standardabweichung vergrößern. Insgesamt sind die auftretenden Fehler jedoch selbst bei einer Standardabweichung von 1,0 Pixel relativ gering.

Ein qualitativer Vergleich der beiden dominanten Bewegungsparameter für die ersten 100 Zeitschritte ist Abbildung 4.11 zu entnehmen. Dargestellt ist sowohl der geschätzte Verlauf der Bewegungsparameter als auch der Verlauf der Referenzbewegung. Die Standardabweichung des Rauschens beträgt bei dieser Simulation 0,5 Pixel. Zu erkennen ist anhand dieser Abbildung, dass der geschätzte Verlauf der Bewegung gut mit der Referenzbewegung übereinstimmt.

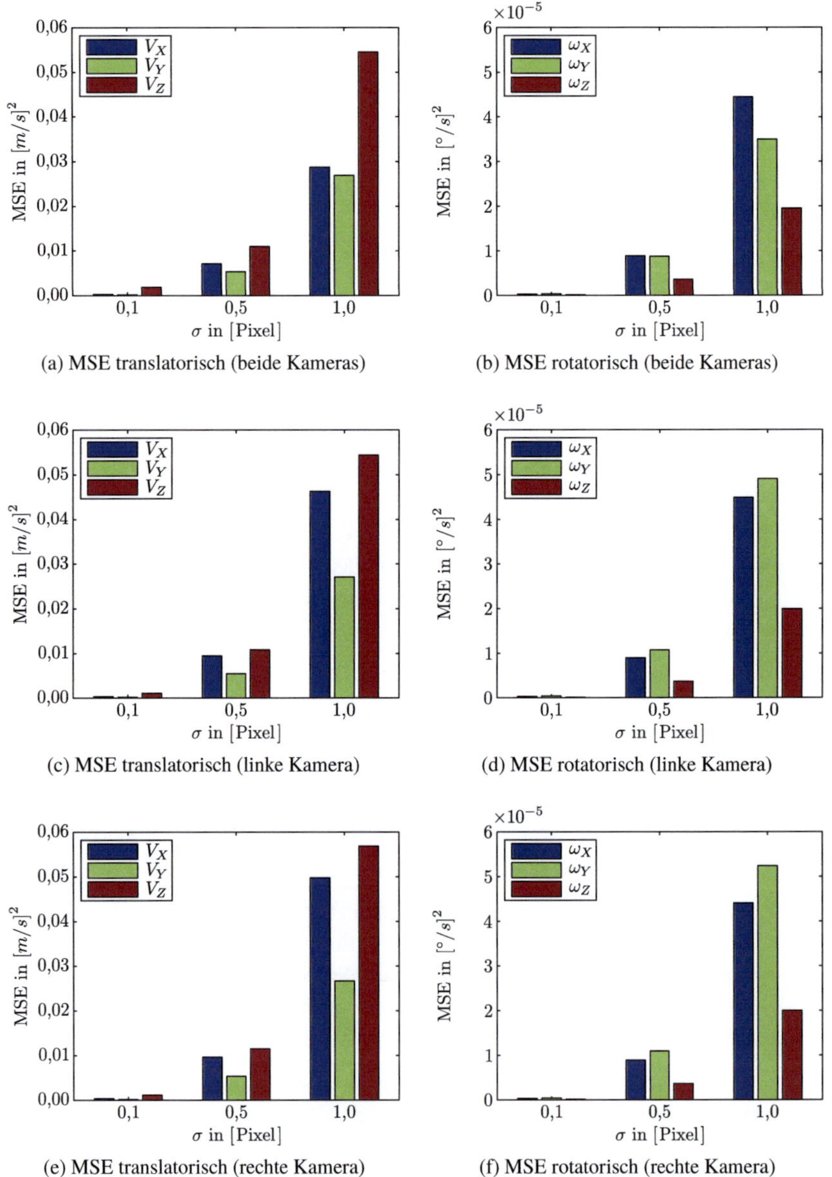

(a) MSE translatorisch (beide Kameras)

(b) MSE rotatorisch (beide Kameras)

(c) MSE translatorisch (linke Kamera)

(d) MSE rotatorisch (linke Kamera)

(e) MSE translatorisch (rechte Kamera)

(f) MSE rotatorisch (rechte Kamera)

Abbildung 4.10: Evaluation des Schätzfehlers bei unterschiedlich starkem Rauschen der Merkmalspunkte sowie bei Verwendung unterschiedlicher Ansichten.

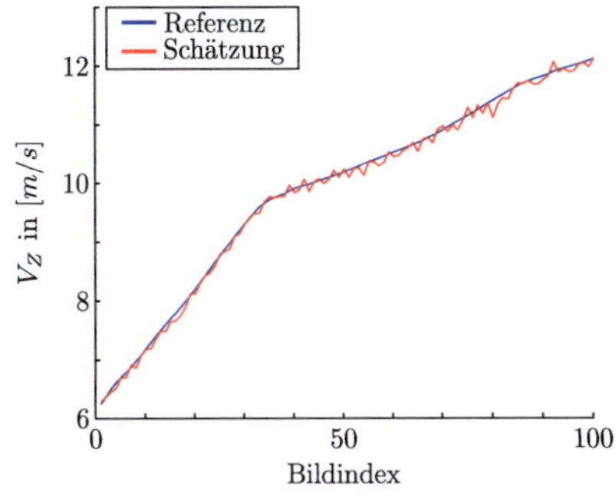

(a) Geschätzte Translationsgeschwindigkeit V_Z im Vergleich zur Referenzgeschwindigkeit.

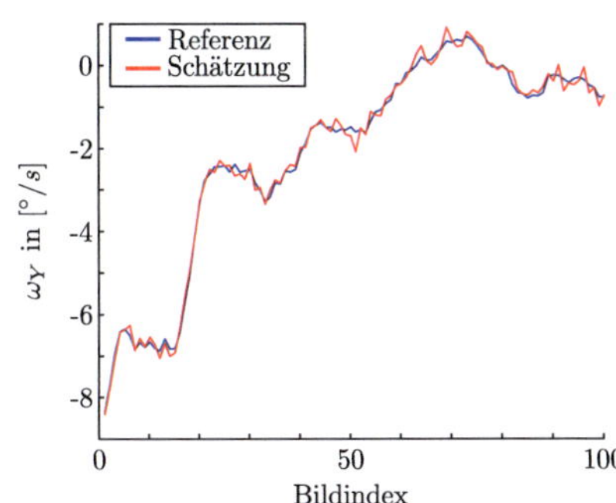

(b) Geschätzte Rotationsgeschwindigkeit ω_Y im Vergleich zur Referenzgeschwindigkeit.

Abbildung 4.11: Exemplarischer Verlauf der geschätzten Bewegungsparameter für die ersten 100 Frames der in Abbildung 4.12 dargestellten Trajektorie im Vergleich zu den Referenzparametern. Für die Schätzung werden simulierte Punktkorrespondenzen mit additivem Gauß'schen Rauschen ($\sigma = 0{,}5$ Pixel) verwendet.

Neben dem Einfluss des Bildrauschens wird zusätzlich untersucht, wie sich die Genauigkeit der Bewegungsschätzung in Abhängigkeit der berücksichtigten Beobachtungen verändert. Hierbei werden entweder die beobachteten Merkmalspunkte in beiden Kamerabildern der Stereoanordnung zum Zeitpunkt k verwendet. Oder es werden lediglich die detektierten Merkmalspunkte in einem der beiden Bilder zum Zeitpunkt k bei der Bewegungsschätzung berücksichtigt. Die bei der Simulation zugrunde liegenden 3D-Objektpunkte sind jedoch in allen Fällen identisch. Die sich bei variierendem Rauschen der Merkmalskorrespondenzen ergebenden Fehler in den einzelnen Bewegungsparametern sind in Abbildung 4.10 dargestellt.

Zu erkennen ist hierbei, dass die Fehler insgesamt größer werden, wenn lediglich die Merkmalspunkte in einem der beiden Kamerabilder verwendet werden. Damit einhergehend erhöht sich auch die Drift der resultierenden Fahrzeugtrajektorie erheblich. Abbildung 4.12 zeigt die Trajektorien der unterschiedlichen Schätzungen im Vergleich zur Referenztrajektorie. Werden die Punktkorrespondenzen in beiden Bildern bei der Schätzung berücksichtigt, resultiert dies in einer Drift von 1,31 % bezogen auf die Gesamtlänge der Trajektorie. Die Verwendung der Merkmalspunkte im linken Kamerabild resultiert in einer Drift von 4,05 %, werden nur die Punkte im rechten Bild verwendet, ergibt sich eine Drift von 5,82 %.

Neben der steigenden Abweichung zwischen geschätzter Trajektorie und Referenztrajektorie ist anhand von Abbildung 4.12 weiterhin ersichtlich, dass die Drift in

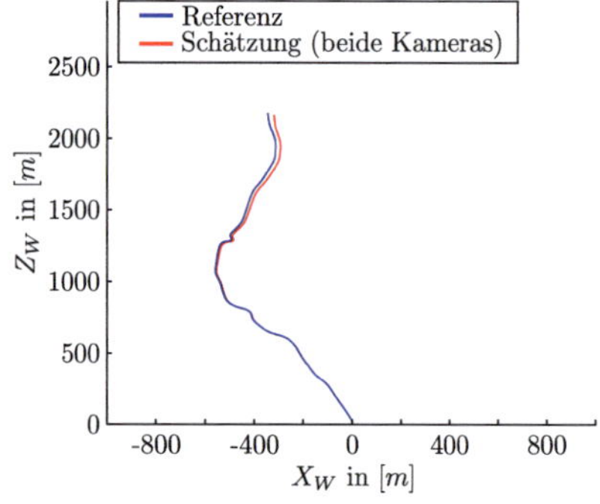

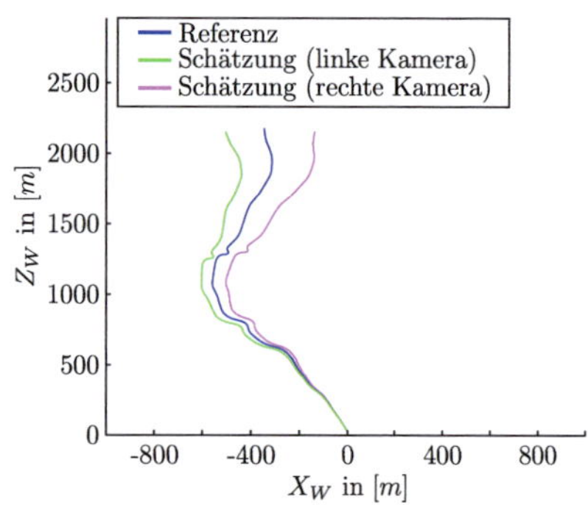

(a) Verwendung beider Kameras für die Bewegungsschätzung.

(b) Verwendung jeweils einer Kamera für die Bewegungsschätzung.

Abbildung 4.12: Veranschaulichung des Einflusses der verwendeten Beobachtungen auf die resultierende Trajektorie.

Richtung der verwendeten Kamera dominiert. D. h. wenn lediglich die Punktkorrespondenzen im linken Bild der Stereoanordnung verwendet werden driftet die Trajektorie deutlich nach links, werden die Merkmalspunkte im rechten Bild verwendet driftet die Trajektorie erheblich nach rechts.

Eine weitere Fehlerquelle, die sich auf die Genauigkeit des Schätzergebnisses auswirkt, sind Fehlzuordnungen bei der Korrespondenzsuche sowie Merkmalspunkte auf unabhängig bewegten Objekten. Diese können nicht mehr durch normalverteiltes Rauschen erklärt werden und stellen somit Ausreißer im Schätzprozess dar. Um den Einfluss solcher Korrespondenzen auf die Bewegungsschätzung zu untersuchen, werden die simulierten Punktkorrespondenzen zum einen mit additivem Gauß'schen Rauschen mit Standardabweichung 0,5 Pixel verrauscht. Zum anderen wird ein definierter Prozentsatz an Punktkorrespondenzen erzeugt, deren Position sehr stark von der erwarteten Position abweicht.

Zunächst wird untersucht, wie stark sich Ausreißer auf die Bewegungsschätzung auswirken, wenn keine vorherige Ausreißerdetektion durchgeführt wird. Der hierdurch resultierende mittlere quadratische Fehler in den geschätzten Bewegungsparametern ist in Abbildung 4.13 dargestellt. Zu beobachten ist, dass sich Ausreißer in den Merkmalskorrespondenzen stark auf die geschätzten Bewegungsparameter auswirken, sodass ohne eine Detektion und Elimination von Ausreißern keine ausreichend genaue Schätzung der Bewegung möglich ist.

Speziell in innerstädtischen Szenarien mit zahlreichen unabhängig bewegten Verkehrsteilnehmern muss jedoch davon ausgegangen werden, dass nicht alle Merk-

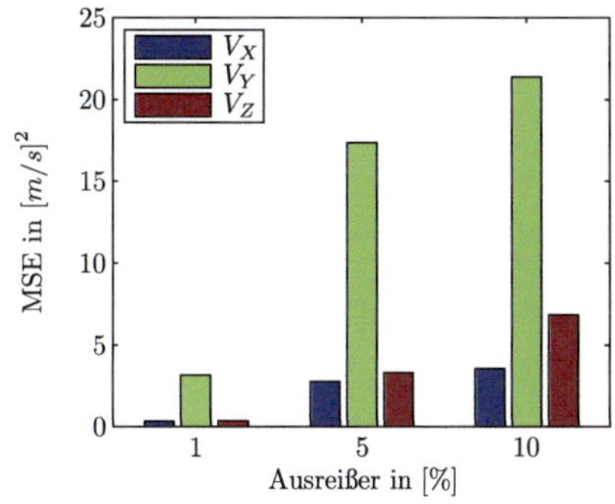
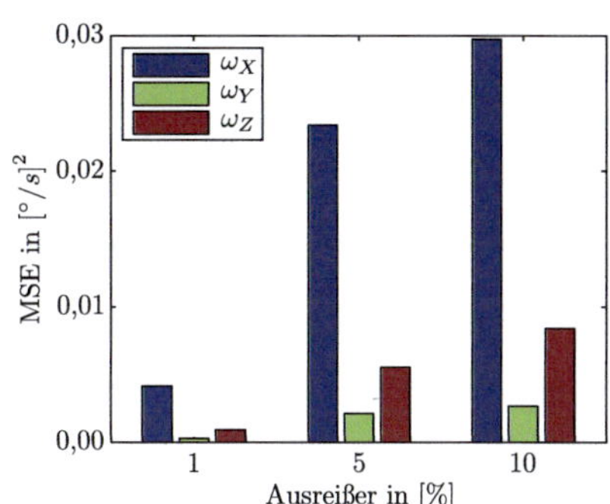

(a) Einfluss von Ausreißern auf den MSE in den translatorischen Bewegungsparametern.

(b) Einfluss von Ausreißern auf den MSE in den rotatorischen Bewegungsparametern.

Abbildung 4.13: Untersuchung des Einflusses von Ausreißern auf die geschätzten Bewegungsparameter, ohne vorherige Ausreißerdetektion.

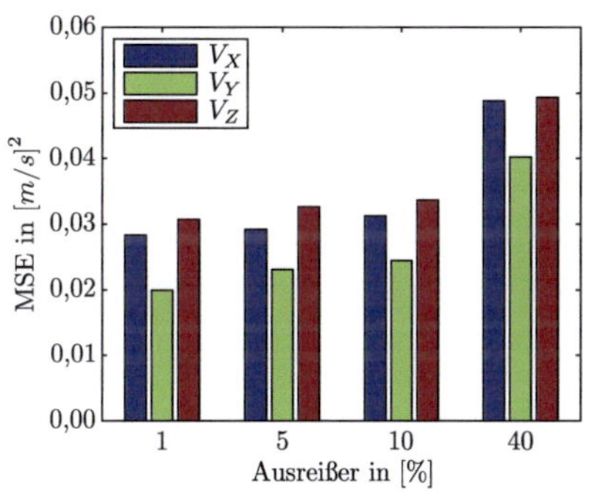
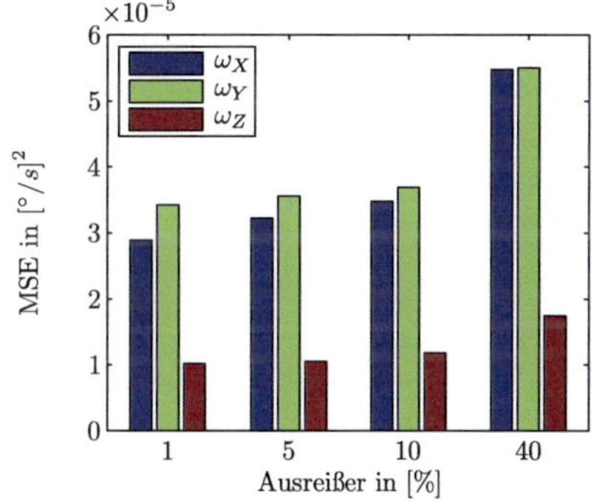

(a) Einfluss von Ausreißern auf den MSE in den translatorischen Bewegungsparametern.

(b) Einfluss von Ausreißern auf den MSE in den rotatorischen Bewegungsparametern.

Abbildung 4.14: Untersuchung des Einflusses von Ausreißern auf die geschätzten Bewegungsparameter, bei Verwendung des robusten Innovationsschrittes.

malskorrespondenzen auf dem statischen Bereich der Szene liegen und somit für die visuelle Bewegungsschätzung geeignet sind. Eine zuverlässige und genaue Schätzung der Fahrzeugbewegung ist dementsprechend nur dann möglich, wenn Ausreißer detektiert und von der Bewegungsschätzung ausgeschlossen werden. Dies ist mit dem in Kapitel 4.4.3 beschriebenen robusten Innovationsschritt

Abbildung 4.15: Liegt ein Großteil der detektierten Merkmalspunkte auf einem einzelnen unabhängig bewegten Objekt, führen die Merkmale eine konsistente Bewegung durch. Die Eigenbewegungsschätzung liefert in diesem Falle schlechte Ergebnisse, da nicht die Punkte auf der statischen Umgebung sondern die Punkte auf dem Objekt die beste Hypothese innerhalb des RANSAC-Algorithmus liefern.

möglich. Die resultierenden Ergebnisse sind in Abbildung 4.14 dargestellt. Hieraus ist ersichtlich, dass durch die Verwendung des robusten Innovationsschrittes eine deutlich höhere Genauigkeit erreicht werden kann, als es ohne die Detektion fehlerhafter Merkmalskorrespondenzen der Fall ist (vgl. Abbildung 4.13). Insgesamt liefert der vorgestellte Algorithmus zur visuellen Schätzung der Fahrzeugeigenbewegung auch bei zahlreichen ungeeigneten Merkmalskorrespondenzen zuverlässige Schätzergebnisse.

In diesem Kapitel wurde ein Verfahren vorgestellt, welches selbst dann noch eine robuste Schätzung der Fahrzeugbewegung erlaubt, wenn in den Punktkorrespondenzen zahlreiche Fehlzuordnungen bzw. Punkte auf unabhängig bewegten Objekten vorhanden sind. Liegt ein Großteil der detektierten Punkte jedoch auf einem einzelnen unabhängig bewegten Objekt, wie es beispielsweise in Abbildung 4.15 der Fall ist, führen diese Punkte eine konsistente Bewegung durch. Dies kann dazu führen, dass diese Punkte innerhalb des RANSAC-Algorithmus als größte Menge Inlier detektiert werden. Ist dies der Fall wird nicht die Fahrzeugeigenbewegung sondern die Relativbewegung zwischen Objekt und Fahrzeug geschätzt. Zur Berücksichtigung solcher Situationen wird das bisher vorgestellte Verfahren um eine Klassifikation der Merkmalspunkte erweitert (vgl. [KMS10]), wie sie im folgenden Kapitel beschrieben wird.

4.7   Behandlung hochdynamischer Situationen

Um auch dann noch zuverlässige Schätzergebnisse liefern zu können, wenn große Bereiche des Bildes durch unabhängig bewegte Objekte verdeckt sind, wie es bei-

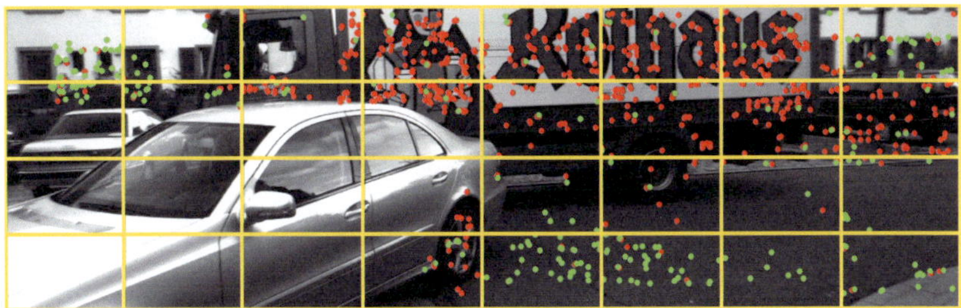

(a) Klassifikationsergebnis

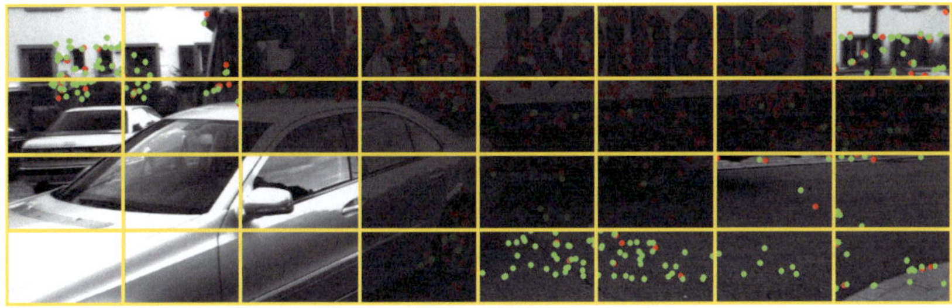

(b) Bucketing

Abbildung 4.16: Exemplarische Darstellung der Merkmalsklassifikation basierend auf der Haar-Wavelet-Transformation der Merkmalspunkte, sowie das darauf aufbauende Bucketing (grün: als *statisch* klassifiziert, rot: als *möglicherweise bewegt* klassifiziert).

spielsweise in Abbildung 4.15 der Fall ist, wird vor der Korrespondenzsuche eine Merkmalsauswahl basierend auf der Erscheinung der Merkmalspunkte im Bild durchgeführt. Hierbei werden die Merkmalspunkte in die beiden Klassen *statisch* oder *möglicherweise bewegt* eingeteilt. Bei der Korrespondenzsuche werden anschließend nur noch die als *statisch* klassifizierten Merkmalspunkte berücksichtigt. Hierdurch kann zum einen die Zeit für die Korrespondenzsuche reduziert werden, da Korrespondenzen für weniger Merkmalspunkte bestimmt werden müssen. Zum anderen können Merkmalspunkte auf bewegten Objekten bereits vor der Eigenbewegungsschätzung eliminiert werden, sodass sich diese nicht negativ auf das Ergebnis der Bewegungsschätzung auswirken.

Um die Klassifikation der detektierten Merkmalspunkte durchzuführen, werden diese zunächst anhand eines Merkmalsdeskriptors beschrieben. In dieser Arbeit kommt, aufgrund ihrer effizienten Berechenbarkeit, die Haar-Wavelet-Transformation (vgl. [SDS95a, SDS95b]) zur Beschreibung der Merkmalspunkte zur Anwendung. Anschließend wird, basierend auf handsegmentierten Bildern, ein binärer Klassifikator trainiert, der für die Einteilung der Merkmalspunkte in die beiden gewählten Klassen verwendet wird. Zur Klassifikation der Merkmalspunkte kommen die in [GEW06] beschriebenen extremely randomized decision trees zur Anwendung. Für jeden zu klassifizierenden Merkmalspunkt liefern diese ein Konfidenzmaß, anhand dessen entschieden werden kann, ob es sich bei dem betrachteten Punkt um einen Merkmalspunkt auf dem statischen Bereich der Szene oder einem Punkt auf einem potentiell bewegten Objekt handelt. Das Ergebnis dieser Klassifikation ist exemplarisch in Abbildung 4.16a veranschaulicht. Anschließend werden, innerhalb der als *statisch* klassifizierten Punkte, Merkmalskorrespondenzen zwischen den unterschiedlichen Ansichten bestimmt, die für die Schätzung der Fahrzeugeigenbewegung verwendet werden.

Anhand der so bestimmten Punktkorrespondenzen, kann eine Schätzung der Fahrzeugeigenbewegung durchgeführt werden, wie sie bereits in Kapitel 4.4 beschrieben wurde. Die nach der Klassifikation verbleibenden Merkmalspunkte auf unabhängig bewegten Objekten können durch den robusten Innovationsschritt zuverlässig gehandhabt werden. Um jedoch einzelne fehlerhaft klassifizierte Merkmalspunkte bereits vor der Bewegungsschätzung zu eliminieren, wird der Bucketing-Schritt basierend auf der durchgeführten Klassifikation durchgeführt. Buckets, in denen ein gewisser Prozentsatz an Merkmalspunkten als *möglicherweise bewegt* klassifiziert wurde, werden deaktiviert, d. h. die Merkmalspunkte innerhalb dieser Buckets werden bei der Eigenbewegungsschätzung nicht weiter berücksichtigt. Ein exemplarisches Ergebnis des adaptiven Bucketings ist in Abbildung 4.16b veranschaulicht.

Die in diesem Kapitel beschrieben Erweiterung des Algorithmus erlaubt auch dann noch eine robuste Schätzung der Kameraeigenbewegung, wenn zahlreiche unabhängig bewegte Objekte vorhanden sind, sodass auch in innerstädtischen Szenarien gute Schätzergebnisse zur Verfügung stehen (vgl. [KMS10]).

5 Effiziente Schätzung dichter Flussfelder

In diesem Kapitel wird ein Verfahren hergeleitet, welches eine effiziente Schätzung nahezu dichter Bewegungsvektorfelder ermöglicht. Hauptanwendungsgebiet des vorgestellten Verfahrens stellen Anwendungen in der Robotik sowie im automobilen Umfeld dar, weshalb sehr große Flussvektoren zu erwarten sind. Gradientenbasierte Verfahren können deshalb aufgrund der üblicherweise durchgeführten Linearisierung (vgl. Kapitel 3.2.1) nur eingeschränkt zur Schätzung des Bewegungsvektorfeldes verwendet werden.

Das vorgestellte Verfahren beruht auf einem regionenbasierten Ansatz (vgl. Kapitel 3.2.2), wobei Annahmen über die Szene getroffen werden um eine effiziente Schätzung des Bewegungsvektorfeldes zu ermöglichen. Es wird beispielsweise vorausgesetzt, dass der optische Fluss lediglich durch die Fahrzeugeigenbewegung, nicht jedoch durch unabhängig bewegte Objekte hervorgerufen wird. Ist dies der Fall, können Suchraumeinschränkungen, die sich aus der Epipolargeometrie zwischen den beiden Ansichten ergeben (vgl. Kapitel 2.2), bei der Schätzung des optischen Flusses berücksichtigt werden.

Die hieraus resultierende Reduktion des zweidimensionalen Suchbereichs auf eine eindimensionale Linie liefert jedoch immer noch zahlreiche Kandidaten, die bei der Korrespondenzsuche überprüft werden müssen. Weiterhin tritt innerhalb nahezu homogener Bildbereiche, wie sie im automobilen Umfeld üblicherweise auf Häuserfassaden oder der Fahrbahnoberfläche zu erwarten sind, nach wie vor das Aperturproblem auf (vgl. Kapitel 3.1). Mehrdeutigkeiten zwischen den Kandidaten innerhalb des Suchbereichs können somit weder durch die Epipolargeometrie noch das verwendete Gütemaß aufgelöst werden. Diese Mehrdeutigkeiten führen dazu, dass klassische regionenbasierte Ansätze zahlreiche Fehlzuordnungen liefern, da das Gütemaß in homogenen Bereichen stark durch das Rauschen des Kamerasensors beeinflusst wird.

Eine weitere Reduktion der möglichen Kandidaten sowie eine Verminderung des Aperturproblems in schlecht texturierten Bildbereichen kann erreicht werden, indem ein Modell zur Beschreibung der in der Bildebene sichtbaren Bewegung verwendet wird. Anhand dieses Modells ist es möglich, für jedes Pixel im vorherigen Bild dessen erwartete Position im aktuellen Bild zu bestimmen.

In der vorliegenden Arbeit wird angenommen, dass das Bewegungsvektorfeld stückweise durch ein Bewegungsmodell beschrieben werden kann. Die Aufteilung des Bildes in die einzelnen Bewegungsbereiche erfolgt hierbei anhand von initialen Merkmalspunkten, für die im Voraus robuste Korrespondenzen zwischen aufeinanderfolgenden Bildern bestimmt werden konnten. Wird angenommen, dass jeder in der Bildebene gewählte Bewegungsbereich mit einer ebenen Fläche in der Welt korrespondiert und die Bewegung der Kamera zwischen zwei aufeinanderfolgenden Aufnahmezeitpunkten ausreichend klein ist, kann die Bewegung in der Bildebene näherungsweise durch eine affine Transformation beschrieben werden. Eine genauere Analyse des entstehenden Modellfehlers wird in Kapitel 5.3 durchgeführt.

Sind die Punktkorrespondenzen sowie die Bewegungsbereiche bekannt, können für jeden dieser Bereiche die Modellparameter berechnet werden. Anhand dieser kann ein dichtes Bewegungsvektorfeld erzeugt werden, welches die aufgrund des verwendeten Bewegungsmodells erwarteten Flussvektoren beinhaltet. Diese können bei der Korrespondenzsuche zur Einschränkung des Suchbereichs sowie zur Bewertung der Kandidaten innerhalb des Suchbereichs verwendet werden.

Die eigentliche Korrespondenzsuche erfolgt anschließend nur noch in einem kleinen Bereich, der sowohl durch den prädizierten Bildpunkt als auch durch die Epipolarlinie definiert wird. Im Gegensatz zu klassischen regionenbasierten Verfahren, bei denen die Korrespondenzsuche in einem rechteckigen Bereich erfolgt, kann durch die Beschränkung des Suchbereichs auf ein schmales Band um die Epipolarlinie eine Reduktion der Komplexität erreicht werden. Die daraus resultierende Reduktion der möglichen Kandidaten führt einerseits zu einer deutlichen Verminderung des Aufwandes. Andererseits kann eine Erhöhung der Genauigkeit des geschätzten Bewegungsvektorfeldes erreicht werden, indem nicht plausible Kandidaten, d. h. Kandidaten die beispielsweise zu weit von der erwarteten Epipolarlinie oder dem prädizierten Bildpunkt entfernt sind, bei der Korrespondenzsuche nicht berücksichtigt werden (vgl. Kapitel 6.4.2).

Zur Bestimmung der besten Korrespondenz kommt eine Maximum-a-posteriori-Methode zur Anwendung, die neben der Ähnlichkeit zweier Bildpunkte auch die prädizierte Position des Punktes als a-priori-Information berücksichtigt. Hierdurch können insbesondere in nahezu homogenen Bildbereichen, in denen anhand des Ähnlichkeitsmaßes keine zuverlässige Bestimmung des korrespondierenden Bildpunktes möglich ist, Mehrdeutigkeiten bei der Korrespondenzsuche aufgelöst bzw. reduziert werden.

Üblicherweise sind Fahrzeuge und mobile Roboterplattformen mit Stereokamerasystemen ausgestattet. Die durch das zusätzliche Kamerabild gelieferten Informationen können dazu verwendet werden, die Schätzung des Bewegungsvektorfeldes zu vereinfachen. So ist es beispielsweise möglich, anhand des Disparitätsbildes die

Szenenstruktur zu rekonstruieren. Aus der Umfeldgeometrie sowie der Bewegung der Kamera kann das resultierende Bewegungsvektorfeld vorberechnet und bei der Flussschätzung berücksichtigt werden.

Zur Berechnung des Disparitätsbildes werden meist jedoch rektifizierte Kamerabilder vorausgesetzt, wodurch die möglichen Kamerakonfigurationen eingeschränkt werden (vgl. Kapitel 2.2). Weiterhin wirkt sich die Zeit zur Bestimmung des Disparitätsbildes auf die Effizienz der Flussschätzung aus. Eine effizientere Berücksichtigung der Stereoinformation, die nicht auf der Annahme rektifizierter Kamerabilder beruht, kann erreicht werden, indem ein Modell für die Verschiebung der Punkte zwischen linkem und rechtem Bild der Stereoanordnung zugrunde gelegt wird, wie es beispielsweise in [KL12] der Fall ist. Hierdurch können die Informationen aus der zusätzlichen Ansicht effizient in die Flussschätzung integriert werden.

Die einzelnen Verarbeitungsschritte des vorgestellten Verfahrens sind schematisch in Abbildung 5.1 dargestellt. Diese werden in den folgenden Kapiteln detailliert beschrieben. Zunächst wird in Kapitel 5.1 auf die Vorverarbeitung der initialen Merkmalskorrespondenzen eingegangen. Darauf aufbauend beschreibt Kapitel 5.2 die Aufteilung des Bildes in die unterschiedlichen Bewegungsbereiche sowie die Bestimmung der Modellparameter in den einzelnen Bereichen. Anhand dieser Modellparameter kann der korrespondierende Bildpunkt im aktuellen Bild sowie dessen Unsicherheit prädiziert werden, was in Kapitel 5.3 beschrieben wird. Die eigentliche Strategie zur Korrespondenzsuche sowie das verwendete Gütemaß werden in Kapitel 5.4 erläutert. Darauf aufbauend zeigt Kapitel 5.5 eine mögliche Erweiterung des Verfahrens, wodurch sich Informationen eines Stereokamerasystems in den Schätzprozess einbeziehen lassen. Abschließend veranschaulicht Kapitel 5.6, dass die durchgeführte Fehlerfortpflanzung zur Bestimmung der Unsicherheit des prädizierten Bildpunktes eine ausreichend genaue Approximation der tatsächlichen Unsicherheit darstellt.

5.1 Vorverarbeitung

Wie in Kapitel 3.2.2 beschrieben, sind regionenbasierte Verfahren zur Schätzung dichter Bewegungsvektorfelder üblicherweise sehr rechenaufwendig. Insbesondere wenn große Flussvektoren zu erwarten sind, ist auch die zu überprüfende Bildregion groß und die Anzahl möglicher Kandidaten ist enorm. Um auch in diesen Fällen eine zeiteffiziente Schätzung dichter Bewegungsvektorfelder gewährleisten zu können ist es erforderlich den Suchbereich für Korrespondenzen stark einzuschränken. Dies erfolgt in dem hier vorgestellten Ansatz durch ein modellbasiertes Bewegungsvektorfeld. Zur Bestimmung der Modellparameter kommen bekann-

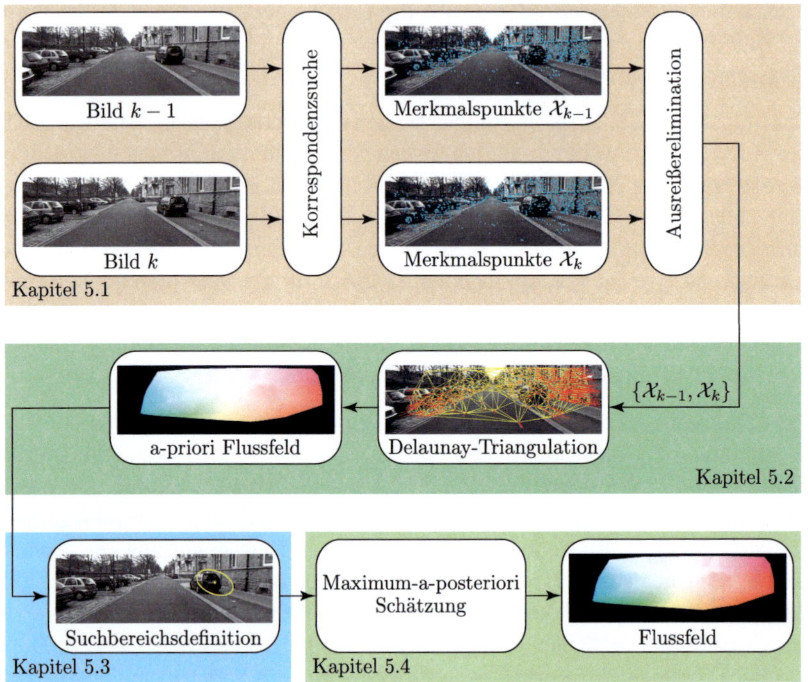

Abbildung 5.1: Schematische Darstellung der Vorgehensweise des vorgestellten Algorithmus zur effizienten Flussschätzung.

te Flussvektoren zur Anwendung, die an wenigen markanten Merkmalspunkten bestimmt werden konnten und somit eine robuste Zuordnung korrespondierender Punkte zwischen den beiden Kamerabildern erlauben. Zur Bestimmung dieser initialen Merkmalskorrespondenzen können die in Kapitel 3.2.3 beschriebenen Verfahren verwendet werden. In dieser Arbeit kommen die in [GZS11] vorgestellten Punktmerkmale und Merkmalsdeskriptoren zur Bestimmung der initialen Merkmalskorrespondenzen zur Anwendung, auf die hier jedoch nicht weiter eingegangen werden soll.

Für die weiteren Betrachtungen wird davon ausgegangen, dass eine Menge von N Merkmalspunkten

$$\mathcal{X}_{k-1} = \left\{ \mathbf{x}_{k-1}^1, \mathbf{x}_{k-1}^2, \ldots \mathbf{x}_{k-1}^N \right\}$$

und deren korrespondierende Bildpunkte

$$\mathcal{X}_k = \left\{ \mathbf{x}_k^1, \mathbf{x}_k^2, \ldots \mathbf{x}_k^N \right\}$$

mit $\mathbf{x}^i_{k-1} \leftrightarrow \mathbf{x}^i_k$ sowie $i \in \{1, \ldots, N\}$ zwischen zwei aufeinanderfolgenden Bildern gegeben sind.

Da basierend auf diesen Merkmalskorrespondenzen die Modellparameter bestimmt werden, anhand derer der Bereich für die Korrespondenzsuche festgelegt wird, ist es von entscheidender Bedeutung, dass die initialen Merkmalskorrespondenzen keine Ausreißer mehr beinhalten. Dies würde zu einem fehlerhaft prädizierten Suchbereich und somit letztendlich zu einer fehlerhaften Flussschätzung führen.

Ausreißer treten beispielsweise dann auf, wenn die beiden Punktmengen $\mathcal{X}_{k-1}$ und $\mathcal{X}_k$ fehlerhafte Merkmalskorrespondenzen beinhalten. Weiterhin müssen, durch die Beschränkung der Schätzung auf die statischen Bereiche der Szene, Merkmalskorrespondenzen auf unabhängig bewegten Objekten als Ausreißer behandelt werden. Um diese Ausreißer zu eliminieren, kommen geometrische Kriterien zwischen den beiden Ansichten der Szene zur Anwendung. Diese ergeben sich, aufgrund der Annahme einer statischen Szene, bei der die Bewegung in der Bildebene lediglich durch die Eigenbewegung der Kamera hervorgerufen wird, aus der Epipolargeometrie zwischen den beiden Ansichten (vgl. Kapitel 2.2).

Zur Bestimmung der Epipolargeometrie, d. h. der Fundamentalmatrix $\mathbf{F}$ zwischen den beiden Ansichten, kommt in dieser Arbeit das in Kapitel 4 beschriebene Verfahren zur visuellen Schätzung der Kameraeigenbewegung zur Anwendung. Gegenüber einer Schätzung der Fundamentalmatrix anhand korrespondierender Punkte in den beiden Ansichten (z. B. [Har97, WHD05]) ergeben sich hierdurch wesentliche Vorteile. Einerseits kann die Berechnung deutlich schneller erfolgen, sodass der Gesamtaufwand zur Bestimmung des Bewegungsvektorfeldes reduziert wird. Andererseits kann meist eine höhere Genauigkeit der Epipolargeometrie erreicht werden, wenn die Fundamentalmatrix anhand der Kameraeigenbewegung sowie der intrinsischen Kalibrierung der Kamera berechnet wird.

Steht eine Schätzung der Epipolargeometrie zur Verfügung, können Ausreißer in den Merkmalskorrespondenzen detektiert werden. Eine Merkmalskorrespondenz $\mathbf{x}^i_{k-1} \leftrightarrow \mathbf{x}^i_k$ wird genau dann als Ausreißer klassifiziert, wenn die Sampson-Distanz (vgl. [HZ08]) zwischen den beiden Bildpunkten einen vordefinierten Schwellwert überschreitet. Alle als Ausreißer klassifizierten Merkmalskorrespondenzen werden verworfen und bei den folgenden Verarbeitungsschritten nicht weiter berücksichtigt.

5.2 Schätzung der Modellparameter

Anhand der gegebenen ausreißerfreien Merkmalskorrespondenzen kann, basierend auf einem zugrunde liegenden Bewegungsmodell, ein dichtes Bewegungsvektor-

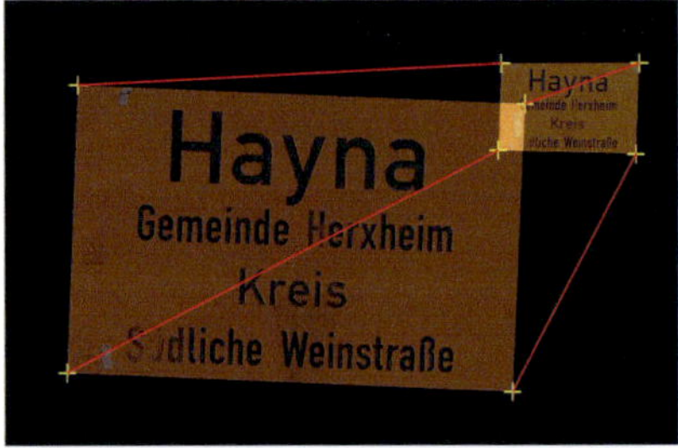

(a) Initiale Merkmalskorrespondenzen zwischen aufeinanderfolgenden Bildern.

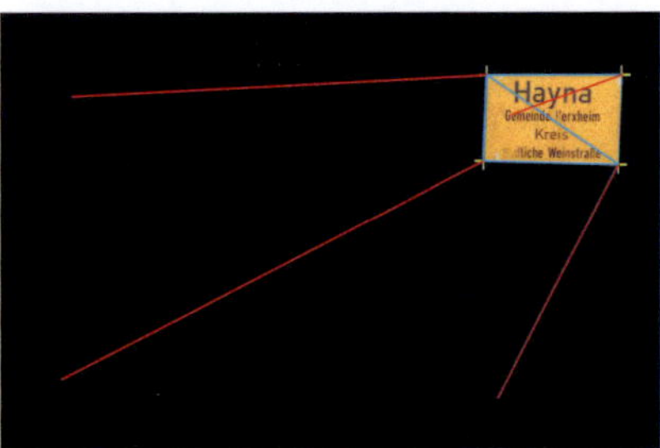

(b) Delaunay-Triangulation zwischen den Merkmalspunkten $\mathcal{X}_{k-1}$.

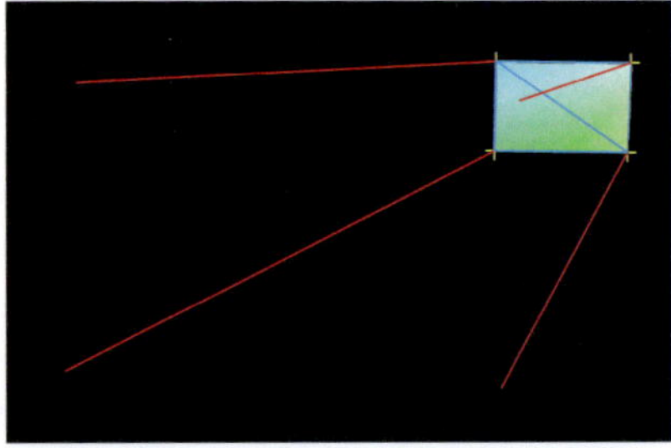

(c) Modellbasiertes Bewegungsvektorfeld basierend auf den geschätzten Parametern.

(d) Resultierendes Bild bei Anwendung der affinen Transformation innerhalb jedes Dreiecks.

Abbildung 5.2: Veranschaulichung der Vorgehensweise zur Bestimmung eines modellbasierten Bewegungsvektorfeldes basierend auf einer Menge von Merkmalskorrespondenzen zwischen aufeinanderfolgenden Bildern.

feld berechnet werden. Das in dieser Arbeit verwendete Modell zur Beschreibung der Bewegung von Bildpunkten zwischen aufeinanderfolgenden Ansichten der Szene wird im Folgenden näher beschrieben. Weiterhin wird auf die einzelnen Verarbeitungsschritte zur Bestimmung der Modellparameter detailliert eingegangen. In Abbildung 5.2 sind diese Verarbeitungsschritte schematisch dargestellt.

Basierend auf der durchgeführten Vereinfachung, dass eine statische Umgebung vorliegt und das 3D-Bewegungsvektorfeld ausschließlich durch die Eigenbewegung der Kamera hervorgerufen wird ergibt sich, dass lediglich Translationen und Rotationen im Raum auftreten können. Wird weiterhin vereinfachend angenommen, dass die Umgebung durch eine Ebene beschrieben werden kann, resultiert daraus ein 2D-Bewegungsvektorfeld zwischen zeitlich aufeinanderfolgenden Bildern, welches bei kleinen Änderungen der Kamerapose näherungsweise durch eine Translation, eine Rotation sowie eine Skalierung der ins Bild projizierten Objekte beschrieben werden kann (vgl. [GHN$^+$10]). Dies ist exemplarisch in Abbildung 5.2a veranschaulicht. Dargestellt ist die Überlagerung zweier Ansichten eines Objektes sowie die initialen Flussvektoren, die an den Eckpunkten des Objektes bestimmt werden konnten.

Die Beschreibung der Umgebung durch eine einzelne Ebene ist jedoch nicht möglich. In dieser Arbeit wird deshalb angenommen, dass die Umgebung durch eine endliche Anzahl unterschiedlicher, beliebig orientierter Ebenen modelliert werden kann. Jede dieser Ebenen ist durch drei Punkte im Raum gekennzeichnet. Für diese Punkte wird angenommen, dass sie im Bild als Merkmalspunkte detektiert werden können.

Üblicherweise gilt die Ebenenannahme in innerstädtischen Szenarien nur für wenige Objekte, wie beispielsweise die Fahrbahnoberfläche oder Häuserfassaden. Fahrzeuge hingegen können nicht durch eine einzelne Ebene modelliert werden. Typischerweise sind Fahrzeuge jedoch deutlich besser texturiert als die Fahrbahnebene, sodass eine größere Anzahl Merkmalspunkte auf diesen Objekten detektiert werden kann (vgl. Abbildung 5.3a). Demnach ist eine stärkere Segmentierung nicht ebener Objekte zu erwarten. Für jedes dieser Segmente im Bild kann angenommen werden, dass es eine näherungsweise planare Fläche in der Welt repräsentiert.

Die aufgrund der vorherigen Annahmen erwartete Bewegung eines Bildpunktes zwischen aufeinanderfolgenden Ansichten der Szene, welche näherungsweise durch eine Translation, eine Rotation und eine Skalierung gekennzeichnet ist, kann durch eine affine Transformation (vgl. [FL04, HZ08]) approximiert werden. Der aufgrund dieser Vereinfachung entstehende Modellfehler, zwischen dem tatsächlich korrespondierenden Bildpunkt und dem anhand des Modells erwarteten Punkt, ist für kleine Bewegungen der Kamera gering, was in Kapitel 5.3 detailliert analysiert wird. Die durch den Modellfehler entstehende Abweichung von der Epipolargeometrie wird bei der Schätzung berücksichtigt, indem ein Toleranzband um die Epipolarlinie betrachtet wird. Dieses berücksichtigt neben dem Modellfehler bei der Prädiktion zusätzlich Fehler, die sich aus der Schätzung der Epipolargeometrie ergeben.

Unter den genannten Bedingungen kann der Zusammenhang korrespondierender Punkte $\mathbf{x}_k \leftrightarrow \mathbf{x}_{k-1}$ zwischen aufeinanderfolgenden Bildern gemäß

$$\begin{pmatrix} x_k \\ y_k \\ 1 \end{pmatrix} = \begin{bmatrix} a_x & b_x & c_x \\ a_y & b_y & c_y \\ 0 & 0 & 1 \end{bmatrix} \cdot \begin{pmatrix} x_{k-1} \\ y_{k-1} \\ 1 \end{pmatrix} \tag{5.1}$$

dargestellt werden. Die Bestimmung der zunächst unbekannten Modellparameter $\{a_x, b_x, c_x, a_y, b_y, c_y\}$ kann erfolgen, wenn drei Punktkorrespondenzen zwischen den beiden Bildern bekannt sind [HZ08].

Zur Bestimmung der einzelnen Bewegungsbereiche sowie der daraus resultierenden Modellparameter ist es zunächst erforderlich, das Bild entsprechend aufzuteilen. Dies erfolgt automatisiert, indem die in [BCKO08] beschriebene Delaunay-Triangulation für die initialen Merkmalspunkte $\mathcal{X}_{k-1}$ bestimmt wird. Abbildung 5.2b zeigt exemplarisch die resultierende Delaunay-Triangulation die auf den Merkmalspunkten aus Abbildung 5.2a beruht.

Für jedes der resultierenden Dreiecke wird angenommen, dass die in der Bildebene sichtbare Bewegung innerhalb des jeweiligen Dreiecks durch eine affine Transformation gemäß Gleichung 5.1 beschrieben werden kann. Die Bestimmung der unbekannten Modellparameter erfolgt anhand der bekannten Punktkorrespondenzen an den Eckpunkten des jeweiligen Dreiecks. Werden die beiden Koordinatenrichtungen getrennt voneinander betrachtet, kann gemäß

$$x_k\left(\mathbf{x}_{k-1}\right) = a_x^l \cdot x_{k-1} + b_x^l \cdot y_{k-1} + c_x^l \tag{5.2}$$

$$y_k\left(\mathbf{x}_{k-1}\right) = a_y^l \cdot x_{k-1} + b_y^l \cdot y_{k-1} + c_y^l \tag{5.3}$$

für jedes Dreieck l ein Zusammenhang zwischen den Koordinaten korrespondierender Bildpunkte in den beiden Ansichten hergestellt werden. Die Bestimmung der Modellparameter $\left\{a_x^l, b_x^l, c_x^l\right\}$ und $\left\{a_y^l, b_y^l, c_y^l\right\}$ erfolgt, indem für jede der beiden Koordinatenachsen ein lineares Gleichungssystem gelöst wird. Sind die Modellparameter für die einzelnen Bewegungsbereiche bekannt, ergibt sich daraus ein Zusammenhang korrespondierender Punkte in aufeinanderfolgenden Bildern.

Basierend auf diesen Korrespondenzen kann ein Flussfeld bestimmt werden, welches die anhand des zugrunde liegenden Bewegungsmodells erwarteten Bewegungsvektoren beinhaltet. Dieses Bewegungsvektorfeld ist in Abbildung 5.2c exemplarisch für das Beispiel aus Abbildung 5.2a dargestellt. Für ein Bild, welches in einer innerstädtischen Umgebung aufgenommen wurde, sind die Teilschritte zur Bestimmung des modellbasierten Bewegungsvektorfeldes in Abbildung 5.3 veranschaulicht. Die zur Darstellung dichter Bewegungsvektorfelder verwendete, farbbasierte Codierung ist Anhang A.5 zu entnehmen.

Dass die Bewegung zwischen aufeinanderfolgenden Bildern unter den genannten Voraussetzungen stückweise durch eine affine Transformation angenähert werden kann, ist anhand von Abbildung 5.2d ersichtlich. Dargestellt ist das synthetisch erzeugte Bild zum Zeitpunkt k, welches durch Anwenden des modellbasierten Flussfeldes auf das Bild zum vorherigen Zeitpunkt $k-1$ entsteht. Zwischen dem tatsächlich aufgenommenen Bild (vgl. Abbildung 5.2a) und dem synthetisch erzeugten Bild sind nur geringfügige Unterschiede zu erkennen. Eine quantitative Auswertung des Modellfehlers, d. h. der Abweichung zwischen dem tatsächlichen Bildpunkt und dem anhand der affinen Transformation erwarteten Punkt im Folgebild, erfolgt im folgenden Kapitel anhand von simulierten Daten.

(a) Detektierte Punktmerkmale im Bild (ohne Ausreißerdetektion) für die eine Korrespondenz im Folgebild gefunden werden konnte.

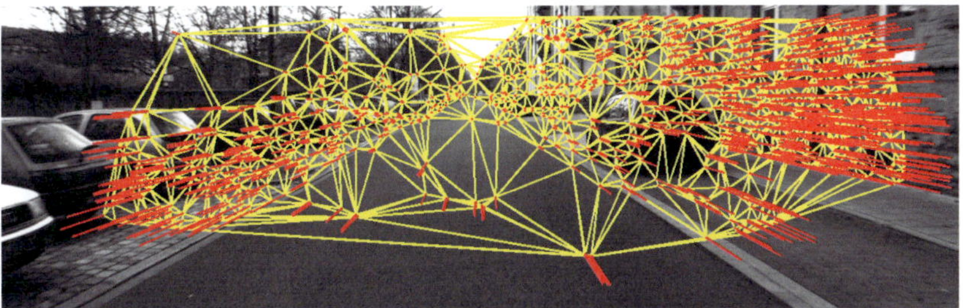

(b) Aufteilung der Bildes in Bewegungsbereiche durch Delaunay-Triangulation aller Merkmalskorrespondenzen, die die Epipolargeometrie zwischen den beiden Ansichten erfüllen.

(c) Interpoliertes Flussfeld basierend auf der Modellannahme eines stückweise affinen Bewegungsvektorfeldes.

Abbildung 5.3: Bestimmung eines modellbasierten a-priori-Bewegungsvektorfeldes basierend auf einer Menge initial bekannter Punktkorrespondenzen zwischen den beiden Ansichten der Szene. Die Aufteilung des Bildes in die einzelnen Bewegungsbereiche erfolgt automatisiert, indem eine Delaunay-Triangulation der initialen Merkmalspunkte durchgeführt wird.

5.3 Korrespondenzprädiktion

Anhand des modellbasierten Bewegungsvektorfeldes kann für nahezu jeden Punkt im vorherigen Bild dessen erwartete Korrespondenz im Folgebild bestimmt werden. Lediglich für Bildpunkte außerhalb der konvexen Hülle um die initialen Merkmalskorrespondenzen kann mit dem in dieser Arbeit beschriebenen Verfahren keine Flussschätzung durchgeführt werden, da in diesem Bereich keine Modellparameter bestimmt werden können und somit keine Prädiktion des korrespondierenden Bildpunktes möglich ist (vgl. Abbildung 5.3).

Wird angenommen, dass die Bewegung der Kamera hauptsächlich entlang ihrer optischen Achse verläuft, wie es im automobilen Umfeld üblicherweise der Fall ist, sind die Randbereiche bei der Schätzung des Bewegungsvektorfeldes jedoch nicht von Bedeutung. Punkte in diesen Bereichen verlassen den Sichtbereich der Kamera meist zuerst und sind im Folgebild häufig nicht mehr abgebildet. Somit können die Randbereiche des Bildes ohne Informationsverlust bei der dichten Korrespondenzsuche vernachlässigt werden.

Für die verbleibenden Bildbereiche wird in dieser Arbeit, ähnlich zu den in [PM96, JC04] beschriebenen Verfahren, die Anzahl möglicher Kandidaten innerhalb des Suchbereichs reduziert, um eine zeiteffiziente Schätzung des optischen Flusses gewährleisten zu können. Im Gegensatz zu den genannten Verfahren, bei denen die Auswahl der zu überprüfenden Kandidaten mithilfe von Suchstrategien erfolgt, wird bei dem hier vorgestellten Verfahren ausgenutzt, dass die Position $\breve{x}_k$ des korrespondierenden Bildpunktes anhand des zugrunde liegenden Bewegungsmodells bereits näherungsweise bekannt ist. Lediglich Verletzungen in den Modellannahmen müssen bei der Korrespondenzsuche berücksichtigt werden.

Prinzipiell genügt es hierfür, eine lokale Suche in einem kleinen Bereich um den prädizierten Bildpunkt $\breve{x}_k$ durchzuführen. Sowohl die Form als auch die Größe des zu berücksichtigenden Suchbereichs hängen hierbei im Wesentlichen von Verletzungen der Modellannahmen ab. Bei der Bestimmung des modellbasierten Bewegungsvektorfeldes wurde angenommen, dass die im Bild sichtbare Bewegung stückweise durch eine affine Transformation beschrieben werden kann. Zur Bestimmung der Modellparameter wurde weiterhin vorausgesetzt, dass die initialen Merkmalskorrespondenzen exakt lokalisiert werden konnten. Der Fehler in der Position des erwarteten Bildpunktes, der durch eine Verletzung der genannten Annahmen entsteht, soll im Folgenden anhand simulierter Daten untersucht werden.

Um den Einfluss von Modellverletzungen zu untersuchen werden in einer ersten Simulation Dreiecke mit beliebiger Größe und Orientierung im Raum erzeugt und

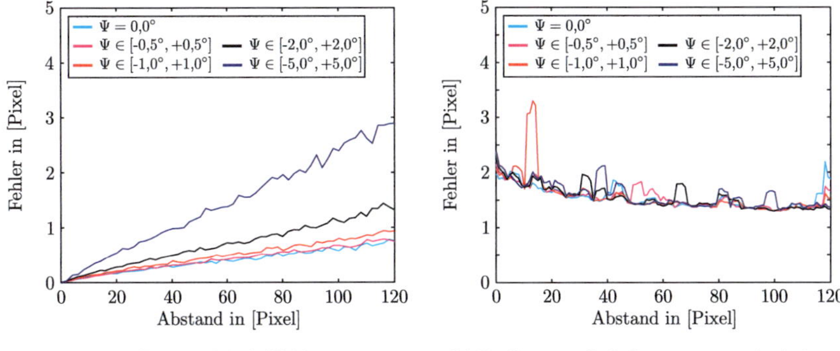

(a) Einfluss von Modellfehlern   (b) Einfluss von Lokalisierungsunsicherheiten

Abbildung 5.4: Analyse des Fehlers zwischen dem tatsächlichen Punkt im aktuellen Bild sowie dem Punkt der sich anhand des modellbasierten Bewegungsvektorfeldes ergibt. Untersucht wird sowohl der Einfluss von Modellfehlern als auch der Einfluss von Lokalisierungsunsicherheiten der initialen Merkmalspunkte.

auf die Bildebenen zweier Kameras projiziert[1]. Angenommen wird hierbei, dass die zweite Kamera gegenüber der ersten Kamera eine dominante Vorwärtsbewegung ($C_Z = 1{,}0$ m) sowie eine leichte Orientierungsänderung Ψ um die Y-Achse aufweist. Ein weiterer zufällig erzeugter Punkt innerhalb des Dreiecks in der Welt wird für die Evaluierung verwendet. Dieser Punkt wird ebenfalls auf die beiden Bildebenen abgebildet und stellt die Grundwahrheit der Merkmalskorrespondenz dar. Anschließend werden, basierend auf den Eckpunkten der Dreiecke, welche bei dieser Untersuchung exakt bekannt sind, die Parameter des Bewegungsmodells berechnet und die anhand der affinen Transformation erwartete Position des Referenzpunktes bestimmt.

Abbildung 5.4a zeigt den dabei auftretenden mittleren euklidischen Fehler zwischen Grundwahrheit und Prädiktion, in Abhängigkeit vom euklidischen Abstand zwischen dem zu untersuchenden Punkt im vorherigen Bild und dem nächstgelegenen Punkt des Dreiecks. Um eine Aussage über die Genauigkeit der durchgeführten Approximation treffen zu können wird zunächst untersucht, welcher euklidische Abstand üblicherweise zu erwarten ist. Hierzu werden die Trainingsdaten der *KITTI Vision Benchmark Suite* (vgl. Kapitel 6.2) verwendet. Für jeden Bildpunkt wird der euklidische Abstand zum nächstgelegenen Merkmalspunkt bestimmt. Im

---

[1] Insgesamt werden bei dieser Untersuchung 100.000 zufällig erzeugte Dreiecke in der Welt verwendet. Sowohl die Position als auch die Orientierung der Dreiecke ist beliebig, es wird jedoch sichergestellt, dass die Eckpunkte der Dreiecke auf den sichtbaren Bereich beider Bildebenen abgebildet werden.

Mittel beträgt dieser Abstand ca. 9,57 Pixel, die Standardabweichung beträgt etwa 11,58 Pixel. 99 % der Punkte weisen somit einen euklidischen Abstand kleiner als 55 Pixel zum nächstgelegenen Merkmalspunkt auf, sodass dieser Abstand als relevanter Bereich definiert wird. Anhand von Abbildung 5.4a ist ersichtlich, dass der Fehler zwischen Grundwahrheit und erwartetem Punkt mit zunehmendem Abstand ansteigt, im relevanten Bereich jedoch relativ klein ist. Die Annahme, dass die im Bild beobachtbare Bewegung stückweise durch eine affine Transformation beschrieben werden kann, ist demnach für kleine Bewegungen der Kamera ausreichend genau.

In einer weiteren Simulation wird untersucht, wie sich Lokalisierungsfehler der initialen Merkmalskorrespondenzen auf die Lage des prädizierten Punktes auswirken. Hierfür wird die oben bereits beschriebene Simulation durchgeführt. Den ins Bild projizierten Eckpunkten der Dreiecke in beiden Bildern wird jedoch additives, mittelwertfreies Gauß'sches Rauschen mit einer Standardabweichung von 1,0 Pixel überlagert. Anhand der unsicherheitsbehafteten Punktkorrespondenzen[2] werden anschließend die Modellparameter bestimmt und eine Prädiktion des Referenzpunktes durchgeführt.

Ausgewertet wird der mittlere Fehler zwischen den prädizierten Punkten die sich bei fehlerfreien bzw. fehlerbehafteten Merkmalskorrespondenzen ergeben. Dieser Fehler ist in Abbildung 5.4b in Abhängigkeit des euklidischen Abstandes zwischen dem Referenzpunkt und dem nächstgelegenen Punkt des Dreiecks dargestellt. Gegenüber dem Modellfehler (vgl. Abbildung 5.4a) ist der Fehler durch die Lokalisierungsunsicherheit der initialen Merkmalspunkte innerhalb des als relevant definierten Bereichs bis 55 Pixel deutlich größer und näherungsweise unabhängig vom Abstand zwischen dem zu prädizierenden Punkt und dem nächstgelegenen Punkt des Dreiecks.

Anhand der durchgeführten Analyse ergibt sich, dass die sichtbare Bewegung in der Bildebene stückweise durch eine affine Transformation angenähert werden kann, wenn die Dreiecke im Bild nicht zu groß sind und eine näherungsweise planare Fläche in der Welt beschreiben. Diese Annahme ist weitestgehend erfüllt, da nicht ebene Objekte häufig durch eine größere Anzahl Merkmalspunkte gekennzeichnet sind und dadurch eine stärkere Segmentierung des Bildes erfolgt. Innerhalb der einzelnen Segmente kann deshalb angenommen werden, dass den Dreiecken im Bild eine planare Fläche in der Welt zugrunde liegt.

Bei exakt lokalisierten Merkmalspunkten reicht demnach eine lokale Suche in einem kleinen, rechteckigen Bereich um den prädizierten Merkmalspunkt aus, um

---

[2]Für jedes der 100.000 erzeugten Dreiecke wurden jeweils 2.500 unterschiedlich verrauschte Merkmalspunkte erzeugt und die damit korrespondierenden Modellparameter sowie die prädizierten Bildpunkte bestimmt.

den wahren Bewegungsvektor zu bestimmen. Wie in Kapitel 3.2.3 bereits beschrieben, treten jedoch Unsicherheiten in der Lokalisierung markanter Punkte auf. Diese sind bei Grauwertecken relativ klein, bei Blobs hingegen ist die Lokalisierungsunsicherheit deutlich größer [FS12]. Anhand der vorangegangenen Analyse können diese Unsicherheiten bei der Korrespondenzsuche nicht vernachlässigt werden. Die Größe des Suchbereichs wird somit maßgeblich durch die Unsicherheiten der initialen Merkmalskorrespondenzen beeinflusst.

Sind die Lokalisierungsunsicherheiten der initialen Merkmalskorrespondenzen bekannt, kann die Unsicherheit in der Position des prädizierten Punktes mittels Fehlerfortpflanzung bestimmt werden. Anhand der so bestimmten Unsicherheit ist es möglich, den Suchbereich für den korrespondierenden Bildpunkt festzulegen. Weiterhin kann die Unsicherheit des prädizierten Punktes innerhalb des Gütemaßes bei der eigentlichen Korrespondenzsuche verwendet werden (vgl. Kapitel 5.4). Im Folgenden soll untersucht werden, wie sich Unsicherheiten in den initialen Merkmalspunkten auf die Unsicherheit des prädizierten Bildpunktes auswirken.

Hierzu wird zunächst ein beliebiges Dreieck im vorhergehenden Bild betrachtet, welches durch seine Eckpunkte $\mathbf{x}_{A,k-1}$, $\mathbf{x}_{B,k-1}$ und $\mathbf{x}_{C,k-1}$ beschrieben ist (vgl. Abbildung 5.5a). Die mit den Eckpunkten korrespondierenden Bildpunkte im aktuellen Bild sollen durch die Größen $\mathbf{x}_{A,k}$, $\mathbf{x}_{B,k}$ und $\mathbf{x}_{C,k}$ dargestellt werden (vgl. Abbildung 5.5b). Anhand dieser Punktkorrespondenzen ist es möglich, die in Gleichung 5.1 definierten Parameter des affinen Bewegungsmodells für das betrachtete Dreieck zu bestimmen. Sind die Modellparameter bekannt, kann für einen beliebigen Punkt $\mathbf{x}_{k-1}$ innerhalb des betrachteten Dreiecks dessen erwartete Position $\breve{\mathbf{x}}_k$ im aktuellen Bild prädiziert werden.

Der Zusammenhang zwischen dem Referenzpunkt $\mathbf{x}_{k-1}$ und dessen erwartetem Punkt $\breve{\mathbf{x}}_k$ im aktuellen Bild kann dementsprechend durch eine nichtlineare Funktion der Form

$$\breve{\mathbf{x}}_k = f_{\breve{\mathbf{x}}}\left(\mathbf{b}, \mathbf{x}_{k-1}\right) \tag{5.4}$$

beschrieben werden. Der Parametervektor

$$\mathbf{b} = \left(\mathbf{x}_{A,k-1}, \mathbf{x}_{B,k-1}, \mathbf{x}_{C,k-1}, \mathbf{x}_{A,k}, \mathbf{x}_{B,k}, \mathbf{x}_{C,k}\right)^{\mathsf{T}} \in \mathbb{R}^{12} \tag{5.5}$$

bezeichnet hierbei die initialen Merkmalskorrespondenzen zwischen den beiden Bildern, die zur Bestimmung der Parameter des affinen Bewegungsmodells innerhalb des betrachteten Dreiecks verwendet werden.

Während der Punkt $\mathbf{x}_{k-1}$, dessen erwartete Korrespondenz im aktuellen Bild bestimmt werden soll, per Definition exakt bekannt ist, sind die initialen Merkmalspunkte, d. h. der Parametervektor $\mathbf{b}$, unsicherheitsbehaftet. Für die weiteren Betrachtungen soll davon ausgegangen werden, dass die Lokalisierungsunsicherheit

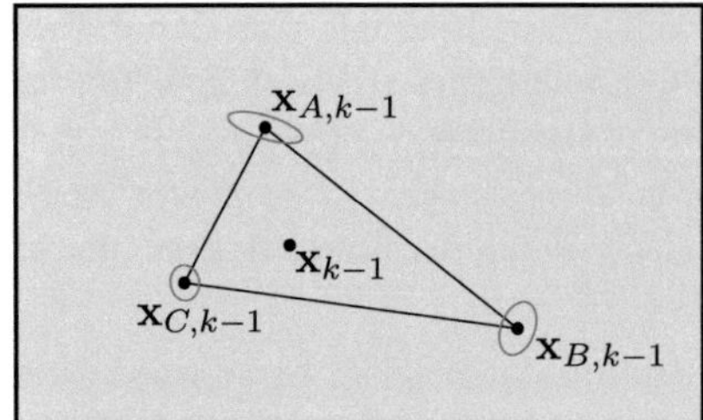
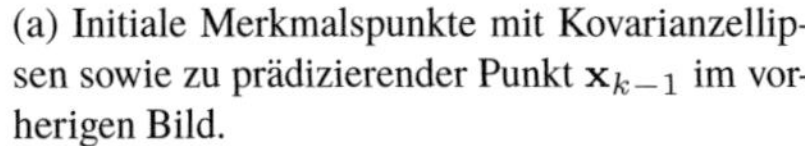
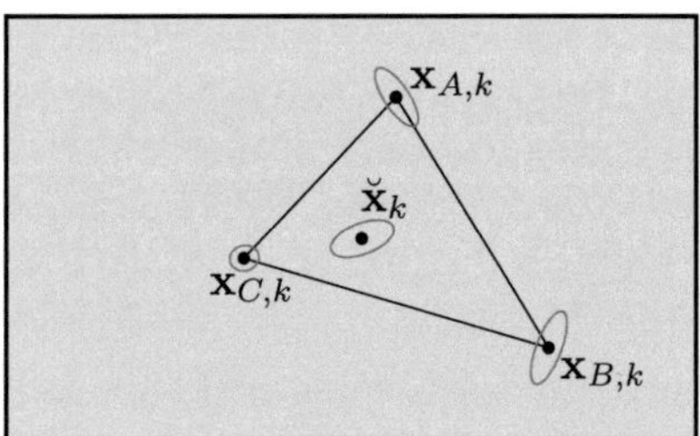

(a) Initiale Merkmalspunkte mit Kovarianzellipsen sowie zu prädizierender Punkt $\mathbf{x}_{k-1}$ im vorherigen Bild.

(b) Initiale Merkmalspunkte mit Kovarianzellipsen sowie unsicherheitsbehaftete Position des prädizierten Bildpunktes $\check{\mathbf{x}}_k$ im aktuellen Bild.

Abbildung 5.5: Schematische Darstellung der Lokalisierungsunsicherheit des prädizierten Bildpunktes bei bekannten Unsicherheiten der detektierten Merkmalskorrespondenzen.

der initialen Merkmalskorrespondenzen jeweils durch eine Normalverteilung beschrieben werden kann, deren Mittelwert durch die Position des Merkmalspunktes selbst und deren Kovarianzmatrix durch $\boldsymbol{\Sigma}_{\mathbf{x},\mathcal{E},k-1} \in \mathbb{R}^{2\times 2}$ bzw. $\boldsymbol{\Sigma}_{\mathbf{x},\mathcal{E},k} \in \mathbb{R}^{2\times 2}$ mit $\mathcal{E} = \{A, B, C\}$ gegeben ist. Die daraus resultierende Kovarianzmatrix des Parametervektors $\mathbf{b}$, anhand dessen die Modellparameter bestimmt werden, kann somit durch eine Block-Diagonalmatrix der Form

$$\boldsymbol{\Sigma}_\mathbf{b} = \begin{bmatrix} \boldsymbol{\Sigma}_{\mathbf{x},A,k-1} & 0 & & \cdots & & & 0 \\ 0 & \boldsymbol{\Sigma}_{\mathbf{x},B,k-1} & & & & & \\ & & \boldsymbol{\Sigma}_{\mathbf{x},C,k-1} & & & & \vdots \\ \vdots & & & \boldsymbol{\Sigma}_{\mathbf{x},A,k} & & & \\ & & & & \boldsymbol{\Sigma}_{\mathbf{x},B,k} & 0 \\ 0 & & \cdots & & & 0 & \boldsymbol{\Sigma}_{\mathbf{x},C,k} \end{bmatrix} \tag{5.6}$$

beschrieben werden. Hierbei wird weiterhin angenommen, dass die Positionsunsicherheiten zwischen den einzelnen Merkmalspunkten unkorreliert sind.

Aufgrund des nichtlinearen Zusammenhangs $f_{\check{\mathbf{x}}}(\cdot)$ zwischen den initialen Merkmalspunkten und dem erwarteten Punkt $\check{\mathbf{x}}_k$ im aktuellen Bild muss Gleichung 5.4 zur Berechnung der Unsicherheit des prädizierten Bildpunktes zunächst bzgl. des Parametervektors $\mathbf{b}$ linearisiert werden. Dies geschieht durch Auswerten der Jacobi-Matrix $\mathbf{J}_{f_{\check{\mathbf{x}}},\mathbf{b}}$ am aktuellen Arbeitspunkt $\mathbf{b}_0$ (vgl. Anhang A.3), der durch die Merkmalskorrespondenzen an den Eckpunkten des betrachteten Dreiecks definiert ist.

Basierend auf der durchgeführten Linearisierung, kann die Unsicherheit des erwarteten Punktes ebenfalls durch eine Normalverteilung beschrieben werden. Der Mittelwert dieser Verteilung ist der erwartete Punkt $\check{\mathbf{x}}_k$, die korrespondierende Kovarianzmatrix ist wie folgt gegeben [Sim06]:

$$\mathbf{\Sigma}_{\check{\mathbf{x}},k} = \mathbf{J}_{f_{\check{\mathbf{x}}},\mathbf{b}}\big|_{\mathbf{b}_0} \cdot \mathbf{\Sigma}_{\mathbf{b}} \cdot \mathbf{J}_{f_{\check{\mathbf{x}}},\mathbf{b}}\big|_{\mathbf{b}_0}^{\mathsf{T}} \tag{5.7}$$

Abbildung 5.5 veranschaulicht schematisch den Zusammenhang zwischen den Lokalisierungsunsicherheiten der initialen Merkmalspunkte und der daraus resultierenden Unsicherheit in der Position des prädizierten Bildpunktes $\check{\mathbf{x}}_k$. Ist die Unsicherheit dieses Punktes bekannt, kann der Suchbereich entsprechend angepasst werden. In dieser Arbeit wird der Suchbereich so gewählt, dass eine Korrespondenzsuche innerhalb der 99 %-Konfidenzellipse um den prädizierten Punkt durchgeführt wird. Abbildung 5.6 zeigt beispielhaft den prädizierten Bildpunkt sowie den zu untersuchenden Bildbereich für eine reale Szene. Das zugrunde liegende Flussfeld ist in Abbildung 5.2 dargestellt.

Aufgrund der Nichtlinearitäten, die sich anhand der Annahme eines affinen Bewegungsmodells ergeben, liefert die durchgeführte Fehlerfortpflanzung lediglich eine Approximation des zu erwartenden Fehlers. Eine weitere Möglichkeit den erwarteten Fehler zu bestimmen besteht darin, anstatt der analytischen Linearisierung mittels Jacobi-Matrizen, eine statistische Linearisierung durchzuführen. Diese basiert auf der in [JU97] beschriebenen Unscented Transform und liefert insbesondere bei hochgradig nichtlinearen Systemen eine deutlich bessere Approximation des Fehlers [MB11]. Für den hier betrachteten Fall sind die Unsicherheiten, die sich anhand der beiden Verfahren ergeben, jedoch annähernd identisch, sodass auf die statistische Linearisierung nicht weiter eingegangen werden soll.

Dass der durch die Linearisierung hervorgerufene Fehler zwischen wahrer und approximierter Verteilung ausreichend klein ist, wird in Kapitel 5.6 gezeigt. Im folgenden Kapitel soll zunächst jedoch die Berücksichtigung der Informationen aus dem modellbasierten Bewegungsvektorfeld bei der dichten Korrespondenzsuche erläutert werden.

5.4 Dichte Korrespondenzsuche

Anhand des verwendeten Bewegungsmodells ist für nahezu alle Punkte im vorherigen Bild die erwartete Position $\check{\mathbf{x}}_k$ des korrespondierenden Punktes im aktuellen Bild bekannt. Weiterhin kann anhand der durchgeführten Fehlerfortpflanzung abgeschätzt werden, welche Positionsunsicherheit der prädizierte Punkt im aktuellen Bild aufweist (vgl. Kapitel 5.3). Basierend auf diesen beiden Informationen

(a) Referenzpunkt $\mathbf{x}_{k-1}$ im vorherigen Bild   (b) Prädizierter Punkt $\check{\mathbf{x}}_k$ und Konfidenzbereich

Abbildung 5.6: Veranschaulichung der Korrespondenzprädiktion anhand des zugrunde liegenden Bewegungsmodells. Dargestellt ist die erwartete Bildposition sowie die 99 %-Konfidenzellipse die sich anhand der Fehlerfortpflanzung ergibt. Um eine bessere Visualisierung gewährleisten zu können, wurde die Konfidenzellipse fünffach vergrößert dargestellt.

kann letztendlich eine zeiteffiziente Schätzung des Bewegungsvektorfeldes zwischen den beiden Bildern durchgeführt werden.

Ähnlich zu dem in [GRU10] beschriebenen Ansatz zur Schätzung dichter Disparitätsbilder kommt in dieser Arbeit eine Maximum-a-posteriori-Methode (vgl. [Bis06]) zur Bestimmung des Bewegungsvektorfeldes zur Anwendung. Die hierfür nötige probabilistische Modellierung des Schätzproblems soll im Folgenden näher beschrieben werden.

Ausgangspunkt für die Schätzung des Bewegungsvektorfeldes ist eine Menge von Punkten $\mathcal{X}_{k-1}$ im vorherigen Bild sowie deren korrespondierende Merkmalspunkte $\mathcal{X}_k$ im aktuellen Bild, welche der Epipolargeometrie zwischen den beiden Ansichten genügen (vgl. Kapitel 5.1). Die Merkmalspunkte aus $\mathcal{X}_{k-1}$ dienen bei den weiteren Betrachtungen als Stützpunkte $\mathcal{A} = \left\{ \mathbf{a}^1, \ldots, \mathbf{a}^N \right\}$ für die Schätzung, wobei N die Anzahl Korrespondenzen bezeichnet. Jeder dieser Stützpunkte wird sowohl durch seine Position $\mathbf{x}^i_{k-1}$ im vorhergehenden Bild als auch durch seinen Bewegungsvektor

$$\mathbf{u}^i = \left(u^i, v^i \right)^\mathsf{T} = \mathbf{x}^i_k - \mathbf{x}^i_{k-1} \tag{5.8}$$

beschrieben, der anhand der korrespondierenden Bildpositionen $\mathbf{x}^i_k \leftrightarrow \mathbf{x}^i_{k-1}$ bestimmt werden kann. Insgesamt sind die Stützpunkte demnach wie folgt definiert, wobei $i \in \{1, \ldots, N\}$ gilt:

$$\mathbf{a}^i = \left(x^i_{k-1}, y^i_{k-1}, \mathbf{u}^i \right)^\mathsf{T} \tag{5.9}$$

Die zur Schätzung des Bewegungsvektorfeldes zur Verfügung stehende Bildinformation wird im Folgenden durch Merkmalsvektoren $\mathbf{f}\left(\mathbf{x}\right) \in \mathbb{R}^L$ beschrieben, wobei L die Dimension des Merkmalsvektors bezeichnet. Jeder dieser Merkmalsvektoren beschreibt die lokale Umgebung um einen betrachteten Bildpunkt $\mathbf{x}$, wodurch eine Zuordnung korrespondierender Bildpunkte zwischen unterschiedlichen Ansichten der Szene ermöglicht wird (vgl. Kapitel 3.2.3).

Basierend auf den Bildkoordinaten $\mathbf{x}^j$ sowie dem an dieser Stelle extrahierten Merkmalsvektor $\mathbf{f}\left(\mathbf{x}^j\right)$, ergeben sich Beobachtungen, anhand derer das Bewegungsvektorfeld geschätzt werden kann. Diese sollen im Folgenden durch $\mathcal{O} = \left\{\mathbf{o}^1, \dots, \mathbf{o}^M\right\}$ bezeichnet werden, wobei M durch die Anzahl Punkte im Bild gegeben ist. Jede dieser Beobachtungen beinhaltet neben den Bildkoordinaten $\mathbf{x}^j$ den an der jeweiligen Stelle extrahierten Merkmalsvektor, sodass sich insgesamt Beobachtungsvektoren der Form

$$\mathbf{o}^j = \left(x^j, y^j, \mathbf{f}\left(\mathbf{x}^j\right)\right)^{\mathsf{T}} \tag{5.10}$$

mit $j \in \{0, \dots, M\}$ ergeben. Um die Beobachtungen zwischen den beiden Bildern unterscheiden zu können, werden für die weiteren Betrachtungen die Bezeichnungen $\mathbf{o}_{k-1}$ und $\mathbf{o}_k$ für Merkmalsvektoren im vorhergehenden bzw. aktuellen Bild verwendet.

Werden der Bewegungsvektor $\mathbf{u}$, die einzelnen Beobachtungen $\mathbf{o}_{k-1}$ bzw. $\mathbf{o}_k$ in beiden Bildern sowie die Stützpunkte $\mathcal{A}$ als Zufallsvariablen interpretiert, kann deren gemeinsame Verteilung wie folgt faktorisiert werden:

$$\begin{aligned} p\left(\mathbf{u}, \mathbf{o}_{k-1}, \mathbf{o}_k, \mathcal{A}\right) &= p\left(\mathbf{u}, \mathbf{o}_k | \mathbf{o}_{k-1}, \mathcal{A}\right) \cdot p\left(\mathbf{o}_{k-1}, \mathcal{A}\right) \\ &\propto p\left(\mathbf{u}, \mathbf{o}_k | \mathbf{o}_{k-1}, \mathcal{A}\right) \\ &\propto p\left(\mathbf{u} | \mathbf{o}_{k-1}, \mathcal{A}\right) \cdot p\left(\mathbf{o}_k | \mathbf{o}_{k-1}, \mathcal{A}, \mathbf{u}\right) \end{aligned} \tag{5.11}$$

Hierbei wird vereinfachend angenommen, dass die beiden Größen $\mathbf{o}_{k-1}$ und $\mathcal{A}$ konstant und gegeben sind.

Wird weiterhin angenommen, dass bei gegebenen Flussvektoren $\mathbf{u}$ eine bedingte Unabhängigkeit (vgl. [Bis06]) zwischen den beiden Beobachtungen und den Stützpunkten $\mathcal{A}$ besteht, kann die gemeinsame Verteilung gemäß

$$p\left(\mathbf{u}, \mathbf{o}_{k-1}, \mathbf{o}_k, \mathcal{A}\right) \propto p\left(\mathbf{u} | \mathbf{o}_{k-1}, \mathcal{A}\right) \cdot p\left(\mathbf{o}_k | \mathbf{o}_{k-1}, \mathbf{u}\right) \tag{5.12}$$

vereinfacht werden (vgl. [GRU10]). Hierin bezeichnet $p\left(\mathbf{u} | \mathbf{o}_{k-1}, \mathcal{A}\right)$ die a-priori-Information aus dem zugrunde liegenden Bewegungsmodell und $p\left(\mathbf{o}_k | \mathbf{o}_{k-1}, \mathbf{u}\right)$ die Likelihood, die sich anhand der Merkmalsvektoren aus der Bildinformation ergibt.

Analog zu dem in [GRU10] vorgestellten Verfahren zur Schätzung dichter Disparitätskarten wird in dieser Arbeit angenommen, dass die a-priori-Information durch eine abgeschnittene, zweidimensionale Normalverteilung der Form

$$
p\left(\mathbf{u} \mid \mathbf{o}_{k-1}, \mathcal{A}\right) =
$$
$$
= \begin{cases} c_P \cdot \exp\left[-\tfrac{1}{2}\left(\mathbf{u} - \breve{\mathbf{u}}\right)^{\mathsf{T}} \cdot \mathbf{\Sigma}_{\mathbf{x},k}^{-1} \cdot \left(\mathbf{u} - \breve{\mathbf{u}}\right)\right] & \text{falls } \mathbf{x}_k \in \mathcal{K}_M \\ 0 & \text{sonst} \end{cases}
$$
$$(5.13)$$

modelliert werden kann. Hierbei bezeichnet $\mathcal{K}_M$ alle Bildpunkte die bei der Korrespondenzsuche berücksichtigt werden, d. h. innerhalb des gewählten Konfidenzbereiches liegen. Die Normalisierungskonstante c_P dient dazu, die Fläche unter der Verteilungsdichtefunktion zu normieren. Die Größe

$$
\breve{\mathbf{u}} = \breve{\mathbf{x}}_k - \mathbf{x}_{k-1} = \mathbf{u}\left(\mathbf{o}_{k-1}, \mathcal{A}\right) \tag{5.14}
$$

stellt den erwarteten Flussvektor an der jeweiligen Stelle dar und verknüpft die Stützpunkte $\mathcal{A}$ sowie die Position $\mathbf{x}_{k-1}$ im vorherigen Bild, für die eine Schätzung des Bewegungsvektors durchgeführt werden soll. Zur Bestimmung des erwarteten Flussvektors $\breve{\mathbf{u}}$ dient die zugrunde liegende Modellierung der im Bild beobachtbaren Bewegung mittels einer affinen Transformation (vgl. Kapitel 5.2).

Um eine möglichst effiziente Schätzung gewährleisten zu können, werden nicht plausible Kandidaten von der Korrespondenzsuche ausgeschlossen. Als Kriterium hierfür wird zum einen die 99 %-Konfidenzellipse um den prädizierten Punkt verwendet (vgl. Abbildung 5.7a), welche sich anhand der durchgeführten Fehlerfortpflanzung aus der Kovarianzmatrix $\mathbf{\Sigma}_{\breve{\mathbf{x}},k}$ des prädizierten Bildpunktes bestimmen lässt. Aufgrund der Annahme einer statischen Szene werden zum anderen geometrische Beziehungen, die sich aus der Epipolargeometrie zwischen den beiden Ansichten ergeben, in der a-priori-Information berücksichtigt. Punkte $\mathbf{x}_k$, deren senkrechter Abstand $d = d\left(\mathbf{l}_e\left(\mathbf{x}_{k-1}\right), \mathbf{x}_k\right)$ zur Epipolarlinie $\mathbf{l}_e\left(\mathbf{x}_{k-1}\right)$ einen vordefinierten Schwellwert d_e überschreitet, werden bei der Flussschätzung ebenfalls nicht weiter berücksichtigt. Die Menge aller Punkte innerhalb eines schmalen Bandes um die Epipolarlinie wird durch die Größe $\mathcal{K}_E$ repräsentiert.

Zusammenfassend wird die Menge aller Bildpunkte, die die genannten Kriterien erfüllen, als $\mathcal{K} = \mathcal{K}_M \cap \mathcal{K}_E$ bezeichnet. Alle Bildpunkte $\mathbf{x}_k \in \mathcal{K}$ liegen demnach sowohl in einem durch die Kovarianzmatrix $\mathbf{\Sigma}_{\breve{\mathbf{x}},k}$ definierten Bereich um den erwarteten Punkt aus dem zugrunde liegenden Bewegungsmodell als auch in einem schmalen Band um die Epipolarlinie (vgl. Abbildung 5.7b). Zu überprüfende Flussvektoren, die zu einem Bildpunkt $\mathbf{x}_k = \mathbf{x}_{k-1} + \mathbf{u} \in \mathcal{K}$ führen, werden somit

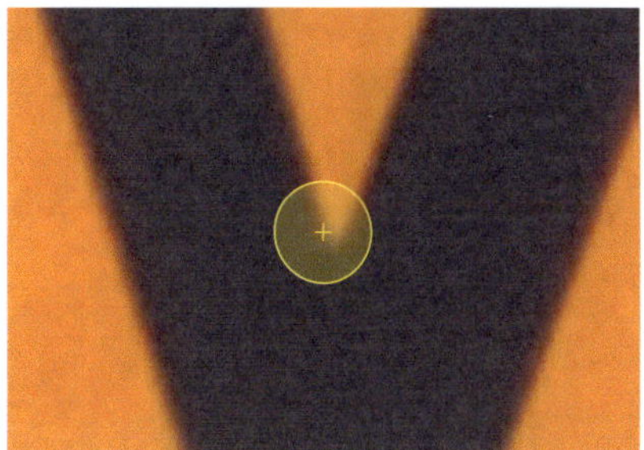
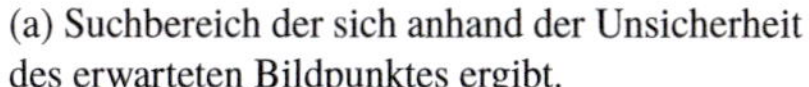
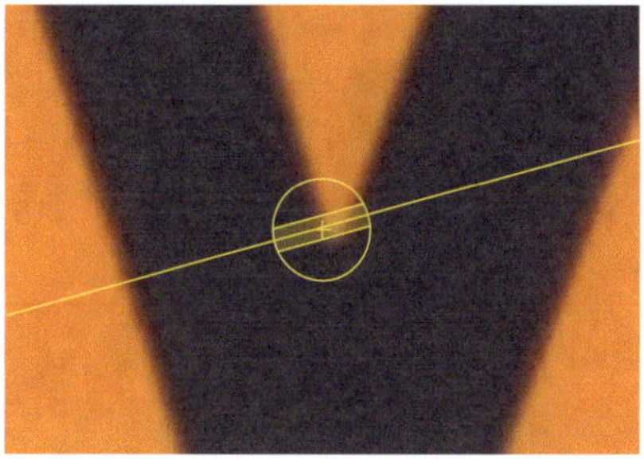

(a) Suchbereich der sich anhand der Unsicherheit des erwarteten Bildpunktes ergibt.

(b) Suchbereich der durch Integration der Epipolargeometrie in den Schätzprozess resultiert.

Abbildung 5.7: Bereich für die Korrespondenzsuche, der sich aus dem modellbasierten Bewegungsvektorfeld sowie der zugrunde liegenden Epipolargeometrie zwischen den beiden Ansichten ergibt.

bei der Schätzung berücksichtigt. Bewegungsvektoren die zu einem Bildpunkt $\mathbf{x}_k$ führen, der nicht Teil der Punktmenge $\mathcal{K}$ ist, werden bei der Schätzung verworfen.

Zur Beschreibung der Likelihood einer Beobachtung $\mathbf{o}_k$ im aktuellen Bild, bei gegebener Beobachtung $\mathbf{o}_{k-1}$ im vorherigen Bild sowie gegebenem Bewegungsvektor $\mathbf{u}$, kommt in dieser Arbeit, analog zu dem in [GRU10] beschriebenen Verfahren, eine Laplace-Verteilung (vgl. [KKP11]) gemäß

$$
p\left(\mathbf{o}_k \mid \mathbf{o}_{k-1}, \mathbf{u}\right) =
$$

$$
= \begin{cases} c_L \cdot \exp\left[-\beta \cdot \left|Q\left(\mathbf{f}_k, \mathbf{f}_{k-1}\right)\right|\right] & \text{falls } \mathbf{x}_k = \mathbf{x}_{k-1} + \mathbf{u} \\ 0 & \text{sonst} \end{cases} \tag{5.15}
$$

zur Anwendung. c_L bezeichnet hierbei eine Normalisierungskonstante um zu garantieren, dass die Fläche unter der Verteilungsdichtefunktion den Wert Eins annimmt. Die Größe β stellt einen konstanten Faktor dar, anhand dessen eine Gewichtung zwischen der a-priori-Information sowie der Likelihood möglich ist. Die Ähnlichkeit zweier Merkmalsvektoren wird mit Q bezeichnet und hängt vom verwendeten Deskriptor sowie dem genutzten Vergleichsmaß ab.

In dieser Arbeit dient die Grauwertverteilung in einem 3×3 Pixel großen Bereich um den jeweils betrachteten Bildpunkt als Merkmalsdeskriptor. Als Vergleichsmaß kommt die SAD (vgl. Kapitel 3.2.2) zwischen den Merkmalsdeskriptoren zur Anwendung. In experimentellen Ergebnissen (vgl. Kapitel 6.4) hat sich gezeigt, dass diese Kombination, unter Berücksichtigung der resultierenden Genauigkeit des geschätzten Bewegungsvektorfeldes sowie der dafür nötigen Rechenzeit, die besten Ergebnisse unter allen untersuchten Kombinationen liefert.

Anhand der vorangegangenen Modellierung kann bei gegebenen Bildern ein nahezu dichtes Bewegungsvektorfeld für die statischen Bereiche der Szene bestimmt werden. Hierzu kommt eine Maximum-a-posteriori-Methode zur Anwendung, anhand derer sich der geschätzte Flussvektor zu

$$\hat{\mathbf{u}} = \arg\max_{\mathbf{u}} \left\{ p\left(\mathbf{u}|\mathcal{A}, \mathbf{o}_{k-1}, \mathbf{o}_k^1, \ldots, \mathbf{o}_k^R\right) \right\} \tag{5.16}$$

ergibt. Die Beobachtungen $\left\{\mathbf{o}_k^1, \ldots, \mathbf{o}_k^R\right\}$ bezeichnen hierbei lediglich diejenigen Punkte im Bild, die sowohl innerhalb der Konfidenzellipse als auch innerhalb eines kleinen Bereiches um die Epipolarlinie liegen, d. h. es gilt $R = |\mathcal{K}|$. Alle anderen Punkte weisen einen verschwindenden Prior auf und müssen somit bei der Flussschätzung nicht weiter berücksichtigt werden.

Die in Gleichung 5.16 definierte a-posteriori-Wahrscheinlichkeitsdichte kann unter Berücksichtigung des Satzes von Bayes gemäß

$$\begin{aligned} p\left(\mathbf{u}|\ \mathcal{A}, \mathbf{o}_{k-1}, \mathbf{o}_k^1, \ldots, \mathbf{o}_k^R\right) & \\ \propto\ p\left(\mathbf{o}_k^1, \ldots, \mathbf{o}_k^R|\mathbf{u}, \mathbf{o}_{k-1}\right) \cdot p\left(\mathbf{u}|\mathbf{o}_{k-1}, \mathcal{A}\right) \end{aligned} \tag{5.17}$$

faktorisiert werden, wobei erneut ausgenutzt wird, dass bei gegebenen Flussvektoren eine bedingte Unabhängigkeit zwischen den beiden Beobachtungen und den Stützpunkten besteht.

Aufgrund des deterministischen Zusammenhangs $\mathbf{x}_k = \mathbf{x}_{k-1} + \mathbf{u}$ korrespondierender Bildpunkte bei gegebenem optischen Fluss $\mathbf{u}$, ergibt sich aus Gleichung 5.15 lediglich für eine Beobachtung $\bar{\mathbf{o}}_k \in \left\{\mathbf{o}_k^1, \ldots, \mathbf{o}_k^R\right\}$ eine von Null verschiedene Wahrscheinlichkeit. Dieser deterministische Zusammenhang wird in Anlehnung an den in [GRU10] beschriebenen Algorithmus gemäß

$$\begin{aligned} p\left(\mathbf{o}_k^1, \ldots, \mathbf{o}_k^R|\mathbf{u}, \mathbf{o}_{k-1}\right) &\propto \sum_{i=1}^{R} p\left(\mathbf{o}_k^i|\mathbf{u}, \mathbf{o}_{k-1}\right) \\ &\propto p\left(\bar{\mathbf{o}}_k|\mathbf{u}, \mathbf{o}_{k-1}\right) \end{aligned} \tag{5.18}$$

modelliert. Die Größe $\bar{\mathbf{o}}_k$ bezeichnet hierbei die mit dem Punkt $\mathbf{x}_k = \mathbf{x}_{k-1} + \mathbf{u}$ korrespondierende Beobachtung im aktuellen Bild.

Die mit der Beobachtung $\bar{\mathbf{o}}_k$ korrespondierende a-posteriori-Wahrscheinlichkeit ergibt sich durch Einsetzen der Gleichungen 5.13 und 5.15 in Gleichung 5.16 zu:

$$\begin{aligned} p\left(\mathbf{u}|\mathcal{A}, \mathbf{o}_{k-1}, \bar{\mathbf{o}}_k\right) &= p\left(\mathbf{u}|\mathbf{o}_{k-1}, \mathcal{A}\right) \cdot p\left(\bar{\mathbf{o}}_k|\mathbf{u}, \mathbf{o}_{k-1}\right) \\ &\propto \exp\left[-\frac{1}{2}\left(\mathbf{u}-\breve{\mathbf{u}}\right)^{\mathsf{T}} \cdot \Sigma_{\breve{\mathbf{x}},k}^{-1} \cdot \left(\mathbf{u}-\breve{\mathbf{u}}\right)\right] \\ &\quad \cdot \exp\left[-\beta \cdot |Q\left(\mathbf{f}_k, \mathbf{f}_{k-1}\right)|\right] \end{aligned} \tag{5.19}$$

Abbildung 5.8: Resultierendes Bewegungsvektorfeld für das in Abbildung 5.3 dargestellte Bild.

Zur Bestimmung des optimalen Flussvektors kann Gleichung 5.19 logarithmiert und negiert werden (vgl. [GRU10]). Somit kann eine Schätzung des Bewegungsvektors durch Minimierung von

$$\widehat{\mathbf{u}} = \arg\min_{\mathbf{u}} \left\{ \beta \cdot |Q\left(\mathbf{f}_k, \mathbf{f}_{k-1}\right)| + \frac{1}{2}\left(\mathbf{u} - \breve{\mathbf{u}}\right)^{\mathsf{T}} \cdot \mathbf{\Sigma}_{\breve{\mathbf{x}},k}^{-1} \cdot \left(\mathbf{u} - \breve{\mathbf{u}}\right) \right\} \quad (5.20)$$

erzielt werden. Diese Gleichung kann für jeden Bildpunkt unabhängig von den verbleibenden Punkten ausgewertet werden. Hierdurch kann die Schätzung des Bewegungsvektorfeldes parallelisiert werden, wodurch die Rechenzeit weiter verkürzt werden kann.

Für das Beispielbild aus Abbildung 5.3 liefert das vorgestellte Verfahren das in Abbildung 5.8 dargestellte Bewegungsvektorfeld. Die für die Darstellung verwendete Farbcodierung ist Anhang A.5 zu entnehmen. In den Randbereichen des Bildes ist mit dem vorgestellten Algorithmus aufgrund der fehlenden a-priori-Information keine Schätzung der Bewegung zwischen aufeinanderfolgenden Bildern möglich. Für die verbleibenden Bildbereiche erlaubt der Algorithmus jedoch eine zeiteffiziente Schätzung eines dichten Flussfeldes. Eine quantitative Evaluierung der Genauigkeit des geschätzten Bewegungsvektorfeldes erfolgt in Kapitel 6.4.2.

Die Wahl des Merkmalsdeskriptors **f** sowie das für die Schätzung verwendete Vergleichsmaß Q beeinflussen sowohl die Rechenzeit als auch die Robustheit des Algorithmus' gegenüber nicht modellierten Umgebungseinflüssen, beispielsweise einer Änderung der Beleuchtungsverhältnisse zwischen den beiden Aufnahmezeitpunkten. Somit stellt die Wahl des Deskriptors eine wichtige Voraussetzung für die erzielbaren Ergebnisse dar.

Generell erlaubt die gewählte Formulierung die Verwendung beliebiger Merkmalsdeskriptoren sowie Vergleichsmaße für die Flussschätzung. Es wird lediglich vorausgesetzt, dass sich der Wert des Vergleichsmaßes $Q \geq 0$ mit steigender Ähnlichkeit zweier Merkmalsvektoren reduziert. Eine quantitative Auswertung des Einflusses des gewählten Merkmalsvektors auf das Schätzergebnis sowie die benötigte Rechenzeit erfolgt in Kapitel 6.4.2, wobei hauptsächlich effizient berechenbare Merkmalsvektoren bei der Evaluierung verwendet werden. Dies sind beispielsweise die Grauwerte in einer kleinen Umgebung um den betrachteten Bildpunkt oder der Census-Deskriptor. Auf eine Untersuchung hochdimensionaler Merkmalsdeskriptoren (z. B. SIFT, SURF) wird verzichtet, da diese nicht effizient für alle Punkte des Bildes berechnet werden können und sich somit nicht für die Schätzung dichter Bewegungsvektorfelder eignen.

Wie später gezeigt wird (vgl. Kapitel 6.4.2), benötigt die Berechnung der Unsicherheit des prädizierten Bildpunktes vergleichsweise viel Zeit bei der Schätzung des Bewegungsvektorfeldes. Auf die Berechnung der erwarteten Unsicherheit des prädizierten Punktes kann jedoch verzichtet werden, wenn für alle Bildpunkte ein fester Suchbereich gewählt wird. Dieser ist so gestaltet, dass Korrespondenzen lediglich in einem kleinen quadratischen Bereich um den prädizierten Bildpunkt $\check{\mathbf{x}}_k$ gesucht werden. Der Abstand zur Epipolarlinie wird bei der Bestimmung der Kandidaten jedoch weiterhin berücksichtigt.

Als a-priori-Information wird in diesem Fall der euklidische Abstand zwischen dem prädizierten Punkt und dem zu überprüfenden Kandidaten gewählt, welcher als normalverteilt angenommen wird. Hierdurch wird die benötigte Rechenzeit deutlich reduziert, der Fehler im resultierenden Bewegungsvektorfeld steigt jedoch geringfügig an. Ein ausführlicher Vergleich zwischen den beiden Suchstrategien, sowohl hinsichtlich der Genauigkeit des resultierenden Bewegungsvektorfeldes als auch hinsichtlich der für die Schätzung benötigten Zeit, erfolgt in Kapitel 6.4.2.

5.5   Integration von Stereoinformationen

Häufig sind mobile Roboterplattformen mit Stereokamerasystemen ausgestattet. Die durch das zusätzliche Kamerabild gelieferte Information kann, unter der Annahme einer statischen Umgebung, bei der Flussschätzung berücksichtigt werden, wodurch die Genauigkeit des resultierenden Bewegungsvektorfeldes weiter erhöht werden kann (vgl. Kapitel 6.4.2).

Basierend auf dem Disparitätsbild zwischen dem linken und rechten Bild der Stereoanordnung kann die 3D-Struktur der Szene rekonstruiert werden. In Kombination mit der bekannten Eigenbewegung des Fahrzeugs lässt sich hieraus das erwartete Bewegungsvektorfeld vorberechnen. Die Schätzung des Disparitätsbildes setzt jedoch rektifizierte Kamerabilder voraus, wodurch die möglichen Kamerakonfigurationen eingeschränkt sind (vgl. Kapitel 2.2). Weiterhin beeinflusst die benötigte

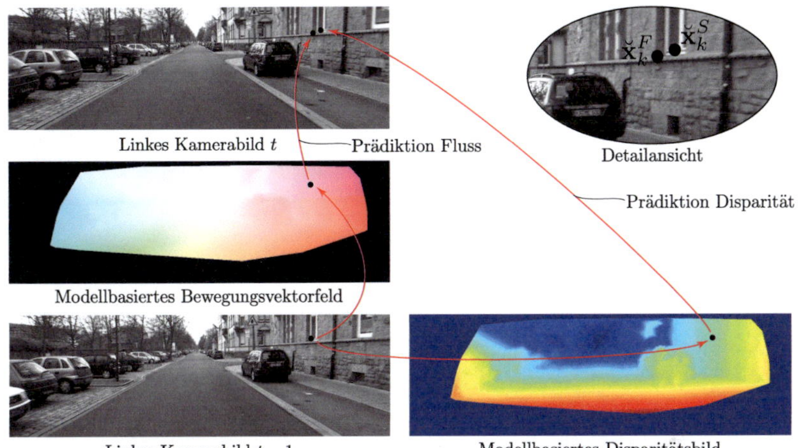

Abbildung 5.9: Prädiktion des korrespondierenden Bildpunktes im linken Bild zum aktuellen Zeitschritt basierend auf einem approximierten Flussfeld sowie einem approximierten 2D-Verschiebungsvektorfeld (hier: Disparitätsbild) zwischen den beiden Kameras der Stereoanordnung.

Rechenzeit für die Disparitätsschätzung den Aufwand für die Schätzung des Bewegungsvektorfeldes. Um eine Integration von Stereoinformationen auch bei beliebig angeordneten Kameras zu ermöglichen genügt es, eine Approximation des Verschiebungsvektorfeldes zwischen den beiden Kameras der Stereoanordnung zu verwenden, die anhand eines zugrunde liegenden Modells effizient berechnet werden kann.

Um eine Unterscheidung zwischen den unterschiedlichen Punkten gewährleisten zu können, wird die folgende Notation eingeführt, wobei die Schätzung des optischen Flusses zwischen aufeinanderfolgenden Bildern der linken Kamera des Stereokamerasystems durchgeführt wird. $\check{\mathbf{x}}_{L,k}^{F}$ bezeichnet den erwarteten Punkt im Bild der linken Kamera zum aktuellen Zeitschritt, der sich aus dem zugrunde liegenden Bewegungsmodell gemäß Kapitel 5.3 ergibt. Der erwartete Bildpunkt der sich anhand der Stereoinformation ergibt, wird mit $\check{\mathbf{x}}_{L,k}^{S}$ bezeichnet. $\check{\mathbf{x}}_{R,k-1}$ stellt den Bildpunkt im rechten Bild der Stereoanordnung zum Zeitpunkt $k-1$ dar, der aus dem approximierten 2D-Verschiebungsvektorfeld zwischen den beiden Bildern der Stereoanordnung resultiert.

Ähnlich zu dem in Kapitel 5.2 beschriebenen Verfahren zur Modellierung des erwarteten Bewegungsvektorfeldes anhand von initialen Flussvektoren, können Merkmalskorrespondenzen zwischen den beiden Bildern der Stereoanordnung dazu verwendet werden, ein modellbasiertes Verschiebungsvektorfeld zu bestimmen. Dieses beinhaltet für jeden Punkt $\mathbf{x}_{L,k-1}$ im Bild der linken Kamera dessen erwartete Korrespondenz $\check{\mathbf{x}}_{R,k-1}$ im rechten Bild der Stereoanordnung und ist exemplarisch in Abbildung 5.9 veranschaulicht. In dieser Arbeit wird hierfür, ebenso wie bei der Approximation des Bewegungsvektorfeldes, eine affine Transformation zur Beschreibung der Verschiebung korrespondierender Punkte gewählt (vgl. Kapitel 5.2).

Um eine explizite Rekonstruktion der 3D-Szenengeometrie zur Prädiktion des korrespondierenden Punktes $\check{\mathbf{x}}_{L,k}^{S}$ im Bild der linken Kamera zum Zeitschritt k zu vermeiden, wird in dieser Arbeit die Trifokalgeometrie zwischen dem vorhergehenden Stereobildpaar sowie dem linken Kamerabild zum aktuellen Zeitschritt verwendet. Diese wird durch den Trifokaltensor (vgl. Kapitel 2.3) beschrieben, der anhand der intrinsischen und extrinsischen Kamerakalibrierung sowie der als bekannt angenommenen Bewegung des Stereokamerasystems berechnet werden kann. Ist sowohl der Trifokaltensor als auch eine Punktkorrespondenz $\mathbf{x}_{L,k-1} \leftrightarrow \check{\mathbf{x}}_{R,k-1}$, welche sich aus dem approximierten Verschiebungsvektorfeld ergibt, zwischen den beiden Bildern des Stereokamerasystems gegeben, kann daraus basierend auf der Transfereigenschaft des Trifokaltensors der mit dem Punkt $\mathbf{x}_{L,k-1}$ korrespondierende Punkt $\check{\mathbf{x}}_{L,k}^{S}$ bestimmt werden. Für jeden Punkt im vorhergehenden Bild der linken Kamera stehen somit, basierend auf der flussbasierten Prädiktion bzw. der Prädiktion anhand des Verschiebungsvektorfeldes zwischen linker und rechter Kamera, die beiden möglichen Positionen $\check{\mathbf{x}}_{L,k}^{F}$ und $\check{\mathbf{x}}_{L,k}^{S}$ für den korrespondierenden Punkt im aktuellen Bild zur Verfügung. Exemplarisch ist dieser Zusammenhang in Abbildung 5.9 dargestellt.

Zur Berechnung der Unsicherheit des prädizierten Bildpunktes $\check{\mathbf{x}}_{L,k}^{S}$, muss zunächst die Lokalisierungsunsicherheit des Punktes $\check{\mathbf{x}}_{R,k-1}$ im rechten Bild der Stereoanordnung bestimmt werden. Diese ist lediglich von den initialen Merkmalskorrespondenzen zwischen den beiden Bildern des Stereokamerasystems abhängig und berechnet sich mittels linearer Fehlerfortpflanzung analog zu der in Kapitel 5.3 beschriebenen Bestimmung der Lokalisierungsunsicherheit des Punktes $\check{\mathbf{x}}_{L,k}^{F}$, der sich anhand des zugrunde liegenden Bewegungsmodells ergibt. Für die weiteren Betrachtungen wird deshalb angenommen, dass die Position des Bildpunktes $\check{\mathbf{x}}_{R,k-1}$ sowie dessen Positionsunsicherheit $\boldsymbol{\Sigma}_{\check{\mathbf{x}},R,k-1}$ bekannt sind.

Stehen Informationen über die Unsicherheit der geschätzten Bewegungsparameter des Stereokamerasystems zur Verfügung, können diese zur Bestimmung der Lokalisierungsunsicherheit des Punktes $\check{\mathbf{x}}_{L,k}^{S}$ verwendet werden. Im vorliegenden Fall wird die Unsicherheit der Bewegungskomponenten durch die geschätzte Kovarianzmatrix $\widehat{\boldsymbol{\Sigma}}_{\mathbf{s},k}$ aus dem Kalman-Filter repräsentiert (vgl. Kapitel 4.4). Ähnlich zur Bestimmung der Positionsunsicherheit des prädizierten Bildpunktes $\check{\mathbf{x}}_{L,k}^{F}$ anhand der initial bestimmten Bewegungsvektoren, kann die Lokalisierungsunsicherheit des Punktes $\check{\mathbf{x}}_{L,k}^{S}$, die sich aufgrund der geschätzten Kamerabewegung sowie der Punktkorrespondenz zwischen linkem und rechtem Bild der Stereoanordnung ergibt, mittels linearer Fehlerfortpflanzung berechnet werden. Hierzu wird zunächst der 8-dimensionale Parametervektor

$$\mathbf{b} = \left(V_X, V_Y, V_Z, \omega_X, \omega_Y, \omega_Z, \check{\mathbf{x}}_{R,k-1}\right)^{\mathsf{T}} \in \mathbb{R}^8 \tag{5.21}$$

definiert, der neben den geschätzten Bewegungsparametern den erwarteten Punkt $\check{\mathbf{x}}_{R,k-1}$ im rechten Bild der Stereoanordnung beinhaltet. Die Kovarianzmatrix dieses Parametervektors ergibt sich wie folgt:

$$\Sigma_{\mathbf{b}} = \begin{bmatrix} \widehat{\Sigma}_{\mathbf{s},k} & \mathbf{0} \\ \mathbf{0} & \Sigma_{\check{\mathbf{x}},R,k-1} \end{bmatrix} \in \mathbb{R}^{8\times 8} \tag{5.22}$$

Die Bestimmung des korrespondierenden Bildpunktes im linken Bild zum aktuellen Zeitschritt k basiert auf der Transfereigenschaft des Trifokaltensors, die gemäß Gleichung 2.18 definiert ist. Hierfür ist eine Punktkorrespondenz zwischen zwei Bildern sowie der Trifokaltensor erforderlich, der im betrachteten Anwendungsfall von der als exakt bekannt angenommenen Kamerakalibrierung (intrinsisch und extrinsisch) als auch von der Bewegung des Kamerasystems abhängig ist. Die erwartete Korrespondenz $\check{\mathbf{x}}_{L,k}^{S}$ kann demnach durch eine nichtlineare Funktion der Form

$$\check{\mathbf{x}}_{L,k}^{S} = f_{\check{\mathbf{x}}}\left(\mathbf{K}, \mathbf{R}_E, \mathbf{t}_E, \mathbf{b}, \mathbf{x}_{L,k-1}\right) \tag{5.23}$$

beschrieben werden. Hierbei wurde vereinfachend angenommen, dass alle drei Kameras die gleichen intrinsischen Kameraparameter $\mathbf{K}$ aufweisen, was jedoch nicht vorausgesetzt werden muss.

Die Lokalisierungsunsicherheit des erwarteten Bildpunktes $\check{\mathbf{x}}_{L,k}^{S}$, der sich anhand der Stereoinformation ergibt, kann somit ähnlich zu der in Kapitel 5.3 durchgeführten linearen Fehlerfortpflanzung zu $\Sigma_{\check{\mathbf{x}},L,k}^{S}$ bestimmt werden, was hier nicht explizit erläutert werden soll.

Insgesamt stehen somit für die Schätzung des optischen Flusses neben den erwarteten Punktkorrespondenzen $\check{\mathbf{x}}_{L,k}^{F}$ und $\check{\mathbf{x}}_{L,k}^{S}$ aus dem modellbasierten Bewegungsvektorfeld sowie dem modellbasierten Verschiebungsvektorfeld die korrespondierenden Unsicherheiten $\Sigma_{\check{\mathbf{x}},L,k}^{F}$ bzw. $\Sigma_{\check{\mathbf{x}},L,k}^{S}$ zur Verfügung.

Die beiden prädizierten Bildpunkte können als Beobachtungen des erwarteten Korrespondenzpunktes aufgefasst werden, sodass sich der Beobachtungsvektor

$$\mathbf{z}_k = \left(\check{\mathbf{x}}_{L,k}^{F}, \check{\mathbf{x}}_{L,k}^{S}\right)^{\mathsf{T}} \in \mathbb{R}^4 \tag{5.24}$$

ergibt. Die Unsicherheit dieses Beobachtungsvektors ist durch eine Kovarianzmatrix der Form

$$\mathbf{\Sigma}_{\mathbf{z},k} = \begin{bmatrix} \mathbf{\Sigma}^F_{\check{\mathbf{x}},L,k} & \mathbf{0} \\ \mathbf{0} & \mathbf{\Sigma}^S_{\check{\mathbf{x}},L,k} \end{bmatrix} \in \mathbb{R}^{4\times4} \tag{5.25}$$

gegeben. Hieraus kann der prädizierte Bildpunkt $\check{\mathbf{x}}_{k,L}$ sowie dessen Unsicherheit $\mathbf{\Sigma}_{\check{\mathbf{x}},L,k}$ mithilfe der Methode der kleinsten Fehlerquadrate (vgl. [Nie02]) bestimmt werden. Anhand dieser Informationen kann eine Schätzung des optischen Flusses analog zum monokularen Fall durchgeführt werden (vgl. Kapitel 5.4).

Während das modellbasierte Verschiebungsvektorfeld zwischen den beiden Ansichten der Szene effizient aus den initialen Merkmalskorrespondenzen berechnet werden kann, ist der zusätzliche Aufwand der durch die Bestimmung der Prädiktionsunsicherheit des korrespondierenden Bildpunktes aus der Stereoinformation sowie der Kombination beider Korrespondenzpunkte entsteht, erheblich. Aufgrund dieser Tatsache wird der korrespondierende Bildpunkt $\check{\mathbf{x}}_{L,k}$ im Folgenden als Mittelwert der beiden Punkte $\check{\mathbf{x}}^F_{L,k}$ und $\check{\mathbf{x}}^S_{L,k}$ berechnet. Auf eine Bestimmung der Lokalisierungsunsicherheit wird verzichtet, sodass die Korrespondenzsuche, unabhängig von der Unsicherheit, in einem kleinen rechteckigen Bereich um den Punkt $\check{\mathbf{x}}_{L,k}$ durchgeführt wird.

Im Vergleich zur Schätzung des optischen Flusses ohne die Integration der Stereoinformation, kann die Genauigkeit der Schätzung durch Berücksichtigung des zusätzlichen Kamerabildes geringfügig verbessert werden. Dies wird in Kapitel 6.4.2 anhand einer experimentellen Evaluation basierend auf realen Bildsequenzen gezeigt.

5.6　Unsicherheitsanalyse

Wie in Kapitel 5.3 beschrieben, ergibt sich der Suchbereich für den jeweils korrespondierenden Bildpunkt anhand der zu erwartenden Unsicherheit des prädizierten Bildpunktes $\check{\mathbf{x}}_k$. Unter der Annahme, dass die Unsicherheit des Parametervektors $\mathbf{b}$ (vgl. Gleichung 5.5) durch eine multivariate Gauß-Verteilung mit Mittelwert $\boldsymbol{\mu}_{\mathbf{b}}$ und Kovarianzmatrix $\mathbf{\Sigma}_{\mathbf{b}}$ beschrieben werden kann, ergibt sich, aufgrund der durchgeführten Linearisierung, für die Unsicherheit des prädizierten Bildpunktes ebenfalls eine Gauß-Verteilung, deren Kovarianzmatrix durch $\mathbf{\Sigma}_{\check{\mathbf{x}},k}$ gegeben ist.

Aufgrund des durch Gleichung 5.4 definierten nichtlinearen Zusammenhangs zwischen den beiden korrespondierenden Bildpunkten, stellt die geschätzte Verteilungsdichtefunktion, welche durch $\mathcal{N}\left(\check{\mathbf{x}}_k | \boldsymbol{\mu}_{\check{\mathbf{x}},k}, \mathbf{\Sigma}_{\check{\mathbf{x}},k}\right)$ gegeben ist, lediglich eine

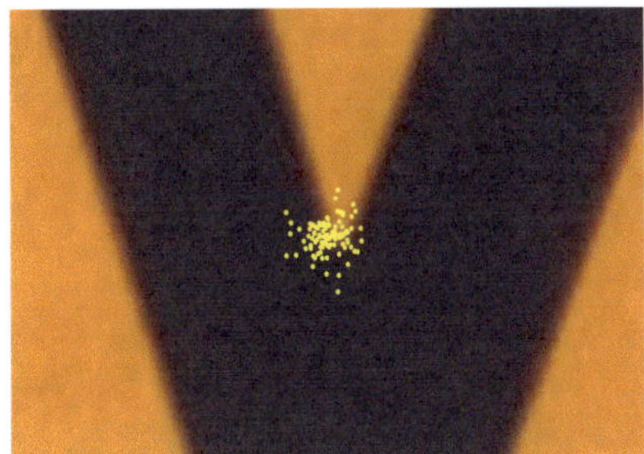

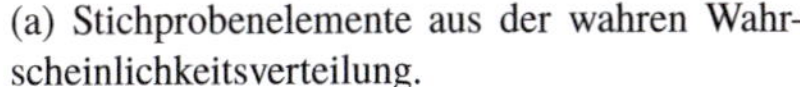

(a) Stichprobenelemente aus der wahren Wahrscheinlichkeitsverteilung.

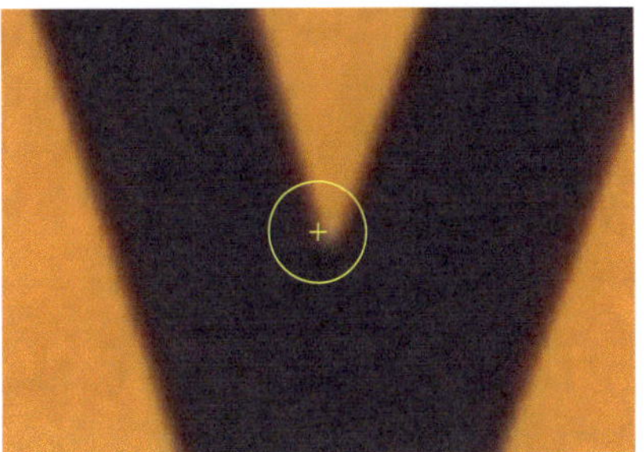

(b) 99 %-Konfidenzellipse basierend auf der approximierten Wahrscheinlichkeitsverteilung.

Abbildung 5.10: Exemplarischer Vergleich zwischen einer Menge von Stichprobenelementen aus der Wahrscheinlichkeitsverteilung anhand des nichtlinearen Modells, sowie der Normalverteilung welche sich anhand der linearen Approximation ergibt.

Approximation der wahren Verteilung dar. Dass die Approximation der Lokalisierungsunsicherheit des prädizierten Bildpunktes $\breve{x}_k$ durch eine Gauß-Verteilung ausreichend genau ist, soll im Folgenden dargestellt werden. Dies ist insbesondere deshalb von entscheidender Bedeutung, da anhand der resultierenden Konfidenzellipse der Suchbereich festgelegt wird und die Verteilungsdichtefunktion als a-priori-Information im Gütemaß verwendet wird (vgl. Kapitel 5.4). Wäre die durchgeführte Approximation nicht gültig, würde dies sowohl zu einem fehlerhaften Suchbereich als auch zu einem Fehler in der a-priori-Information führen.

Abbildung 5.10 zeigt exemplarisch Stichprobenelemente aus der tatsächlichen Wahrscheinlichkeitsdichteverteilung des prädizierten Bildpunktes (vgl. Abbildung 5.10a) sowie die 99 %-Konfidenzellipse, die sich anhand der approximierten Wahrscheinlichkeitsdichtefunktion ergibt (vgl. Abbildung 5.10b). Inwieweit die tatsächliche Verteilung mit der approximierten Verteilung übereinstimmt, soll zunächst qualitativ untersucht werden. Hierfür kommen simulierte Daten zur Anwendung, wie sie bereits dazu verwendet wurden den Fehler in der Position des prädizierten Bildpunktes bei verrauschten Merkmalskorrespondenzen zu analysieren (vgl. Kapitel 5.3).

Für diese Analyse werden zufällig Dreiecke in der Welt erzeugt. Die Eckpunkte dieser Dreiecke werden auf die Bildebenen zweier Kameras projiziert und dienen als initiale Merkmalskorrespondenzen, anhand derer die Parameter des zugrunde liegenden Bewegungsmodells bestimmt werden. Weiterhin wird ein Punkt innerhalb des Dreiecks im Raum erzeugt, dessen Projektion x_{k-1} als Referenzpunkt dient und dessen korrespondierender Punkt $\check{\mathbf{x}}_k$ im aktuellen Bild bestimmt werden soll. Die Bestimmung des korrespondierenden Bildpunktes erfolgt anhand des affinen Bewegungsmodells (vgl. Kapitel 5.2), welches durch einen nichtlinearen Zusammenhang der Form

$$\check{\mathbf{x}}_k = f_{\check{\mathbf{x}}}\left(\mathbf{b}, \mathbf{x}_{k-1}\right) \tag{5.26}$$

beschrieben werden kann. Der Parametervektor $\mathbf{b} \in \mathbb{R}^{12}$ beinhaltet hierbei die initialen Merkmalskorrespondenzen an den Eckpunkten der Dreiecke im Bild (vgl. Kapitel 5.3).

Wird angenommen, dass die Unsicherheit des Parametervektors durch eine Gauß-Verteilung mit Kovarianzmatrix $\boldsymbol{\Sigma}_\mathbf{b} \in \mathbb{R}^{12 \times 12}$ beschrieben werden kann, dann kann daraus, gemäß des in Gleichung 5.7 definierten Zusammenhangs, die Unsicherheit $\boldsymbol{\Sigma}_{\check{\mathbf{x}},k} \in \mathbb{R}^{2 \times 2}$ des prädizierten Punktes approximiert werden. Die approximierte Verteilung des Bildpunktes $\check{\mathbf{x}}_k$ ist somit wie folgt definiert:

$$p_l\left(\check{\mathbf{x}}_k\right) = \mathcal{N}\left(\check{\mathbf{x}}_k | \boldsymbol{\mu}_{\check{\mathbf{x}},k}, \boldsymbol{\Sigma}_{\check{\mathbf{x}},k}\right) \tag{5.27}$$

Um die tatsächliche Verteilung des Punktes im aktuellen Bild zu bestimmen werden verrauschte Parametervektoren erzeugt. Die unsicherheitsbehaftete Position des korrespondierenden Bildpunktes ist demnach durch

$$\widehat{\mathbf{x}}_k = \check{\mathbf{x}}_k + \boldsymbol{\delta} = f\left(\mathbf{b} + \boldsymbol{\epsilon}, \mathbf{x}_{k-1}\right) \tag{5.28}$$

gegeben, wobei $\boldsymbol{\epsilon} \sim \mathcal{N}\left(\mathbf{0}, \boldsymbol{\Sigma}_\mathbf{b}\right)$ gilt und $\boldsymbol{\delta}$ die Abweichungen zwischen dem Punkt $\widehat{\mathbf{x}}_k$ und dem Punkt $\check{\mathbf{x}}_k$, der sich bei exakt lokalisierten Merkmalspunkten ergibt, bezeichnet. Die Menge $\left\{\widehat{\mathbf{x}}_k^1, \ldots, \widehat{\mathbf{x}}_k^W\right\}$ stellt hierbei die W Stichprobenelemente aus der wahren Verteilung des korrespondierenden Punktes dar und soll im Folgenden durch die Verteilungsdichtefunktion $p_r\left(\check{\mathbf{x}}_k\right)$ beschrieben werden.

Ein Vergleich zwischen der approximierten Verteilung und der tatsächlichen Verteilung des erwarteten Punktes $\check{\mathbf{x}}_k$ ist Abbildung 5.11 zu entnehmen. Dargestellt ist die 99 %-Konfidenzellipse, die sich aus der approximierten Wahrscheinlichkeitsverteilung ergibt sowie die Stichprobenelemente, die die tatsächliche Verteilung repräsentieren. Anhand dieser Abbildung ist ersichtlich, dass die Mehrzahl der Stichprobenelemente innerhalb des Konfidenzbereichs liegt, was auf eine gute Übereinstimmung der beiden Wahrscheinlichkeitsverteilungen $p_l\left(\check{\mathbf{x}}_k\right)$ und $p_r\left(\check{\mathbf{x}}_k\right)$ hindeutet. Dies wird durch Tabelle 5.1 bestätigt. Diese veranschaulicht den gewählten Konfidenzbereich sowie den Prozentsatz an Stichprobenelementen, der innerhalb dieses Bereichs liegt. Unabhängig von der gewählten Standardabweichung des Rauschens, stimmen die beiden jeweiligen Werte gut überein.

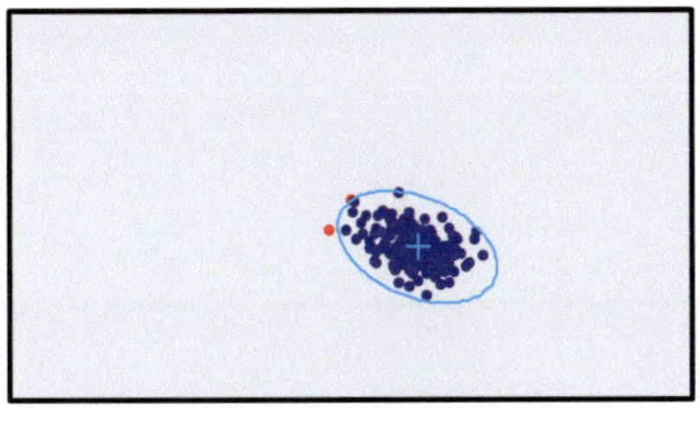 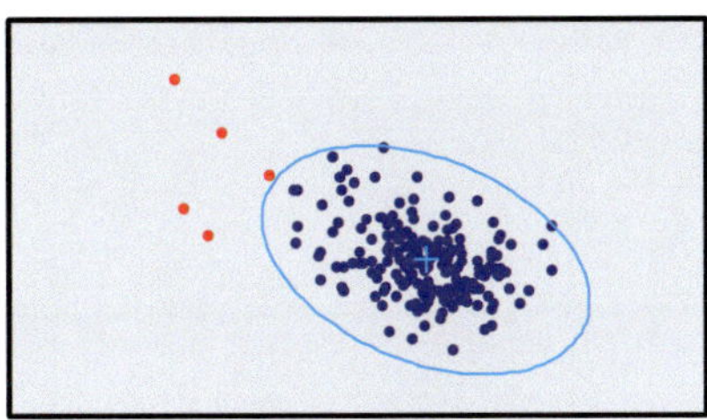

(a) $\sigma = 0{,}5$ Pixel
(b) $\sigma = 1{,}0$ Pixel

Abbildung 5.11: Vergleich der Verteilung $\mathcal{N}\left(\check{\mathbf{x}}_k \,|\, \boldsymbol{\mu}_{\check{\mathbf{x}},k}, \boldsymbol{\Sigma}_{\check{\mathbf{x}},k}\right)$, die sich aus der linearen Approximation ergibt, sowie der tatsächlichen Verteilung. Blau gefärbte Punkte liegen innerhalb der 99 %-Konfidenzellipse, rote Punkte außerhalb davon.

Linearisierung	10 %	30 %	50 %	70 %	99 %
Tatsächlich ($\sigma = 0{,}5$ px)	10,1 %	30,1 %	50,7 %	69,9 %	98,8 %
Tatsächlich ($\sigma = 1{,}0$ px)	10,1 %	30,1 %	49,9 %	69,8 %	98,6 %

Tabelle 5.1: Vergleich zwischen dem Konfidenzbereich aus der linearisierten Kovarianzmatrix und dem Prozentsatz an Stichprobenelementen aus der tatsächlichen Verteilung innerhalb der jeweiligen Konfidenzellipse.

Eine quantitative Aussage darüber, inwieweit die approximative Wahrscheinlichkeitsdichteverteilung mit der tatsächlichen Wahrscheinlichkeitsverteilung übereinstimmt, kann mithilfe der in [KL51] beschriebenen Kullback-Leibler-Divergenz (KL) erfolgen. Diese ist durch

$$\mathrm{KL}\left(P\|Q\right) = \int p\left(\mathbf{x}\right) \cdot \log \frac{p\left(\mathbf{x}\right)}{q\left(\mathbf{x}\right)} d\mathbf{x} \geq 0 \tag{5.29}$$

definiert und liefert ein Maß für die Ähnlichkeit zweier Wahrscheinlichkeitsdichtefunktionen $p\left(\mathbf{x}\right)$ und $q\left(\mathbf{x}\right)$. Für den Fall, dass beide Wahrscheinlichkeitsverteilungen identisch sind, gilt $\mathrm{KL}\left(P\|Q\right) = 0$.

Sind die beiden Wahrscheinlichkeitsdichtefunktionen $p\left(\mathbf{x}\right)$ und $q\left(\mathbf{x}\right)$ analytisch gegeben, kann die Kullback-Leibler-Divergenz gemäß Gleichung 5.29 durch numerische Integration bestimmt werden. Im hier vorliegenden Anwendungsfall ist jedoch lediglich die approximierte Wahrscheinlichkeitsdichtefunktion $q\left(\mathbf{x}\right) = p_l\left(\check{\mathbf{x}}_k\right)$ analytisch gegeben, von der tatsächlichen Verteilung $p\left(\mathbf{x}\right) = p_r\left(\check{\mathbf{x}}_k\right)$ ist hingegen nur eine Menge von Stichprobenelementen bekannt. In diesem Fall kann die

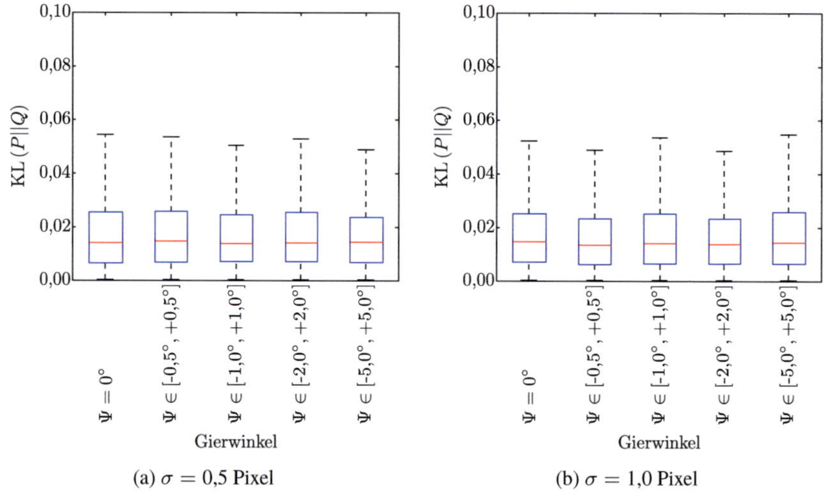

(a) $\sigma = 0{,}5$ Pixel　　　　　　(b) $\sigma = 1{,}0$ Pixel

Abbildung 5.12: Kastengrafik der Kullback-Leibler-Divergenz in Abhängigkeit der relativen Lage beider Kameras zueinander sowie der Standardabweichung σ der Lokalisierungsunsicherheit der Merkmalskorrespondenzen.

Kullback-Leibler-Divergenz anhand des in [PC08] vorgeschlagenen Verfahrens bestimmt werden, welches Stichprobenelemente[3] beider Funktionen verwendet.

Wird angenommen, dass die Lokalisierungsunsicherheit der Eckpunkte der resultierenden Dreiecke im Bild durch eine Gauß-Verteilung mit gegebener Standardabweichung σ beschrieben werden kann, kann hieraus gemäß der Gleichungen 5.4 und 5.7 der korrespondierende Punkt sowie dessen approximierte Kovarianzmatrix bestimmt werden. Zur Bestimmung der tatsächlichen Verteilung wird den Eckpunkten der Dreiecke mittelwertfreies, Gauß'sches Rauschen mit Standardabweichung σ additiv überlagert und anhand von Gleichung 5.4 der jeweils korrespondierende Punkt prädiziert.

Abbildung 5.12 zeigt die resultierende Kullback-Leibler-Divergenz in Abhängigkeit der relativen Lage der beiden Kameras zueinander ($C_Z = 1{,}0$ m), in Form einer Kastengrafik (vgl. [MTL78]), wobei auf eine Darstellung der Ausreißer verzichtet wurde. Anhand dieser Abbildung ist ersichtlich, dass die Genauigkeit der Approximation, d. h. die Kullback-Leibler-Divergenz zwischen tatsächlicher und

---

[3]Um zu garantieren, dass der in [PC08] beschriebene Algorithmus die Kullback-Leibler-Divergenz ausreichend gut approximiert, wurde die Anzahl der Stichprobenelemente für diese Untersuchung auf 10.000 erhöht.

approximierter Verteilung, näherungsweise unabhängig von der relativen Lage der beiden Kameras zueinander ist. Weiterhin kann kein Einfluss zwischen der angenommenen Lokalisierungsunsicherheit der Merkmalspunkte, d. h. der gewählten Standardabweichung σ, und der resultierenden Kullback-Leibler-Divergenz beobachtet werden.

Um eine bessere Aussage über die Genauigkeit der Approximation treffen zu können, wird zusätzlich untersucht wie sich fehlerhafte Annahmen in den Lokalisierungsunsicherheiten auf die resultierende Kullback-Leibler-Divergenz auswirken. Hierzu wird zunächst gemäß Gleichung 5.5 ein Parametervektor $\mathbf{b}$ sowie ein Referenzpunkt $\mathbf{x}_{k-1}$ gewählt. Für die Unsicherheiten des Parametervektors (vgl. Gleichung 5.6) werden jedoch zwei verschiedene Annahmen getroffen. Zum einen wird angenommen, dass $\boldsymbol{\Sigma}_{\mathbf{b},1} = \sigma_1^2 \cdot \mathbf{I}$ gilt, zum anderen wird die Kovarianzmatrix als $\boldsymbol{\Sigma}_{\mathbf{b},2} = \sigma_2^2 \cdot \mathbf{I}$ definiert. Anschließend wird für beide Konfigurationen der erwartete Bildpunkt sowie dessen Kovarianzmatrix basierend auf dem linearisierten Modell bestimmt.

Unabhängig von der gewählten Kovarianzmatrix ergibt sich der korrespondierende Bildpunkt gemäß Gleichung 5.4 zu

$$\breve{\mathbf{x}}_{1,k} = \breve{\mathbf{x}}_{2,k} = f_{\breve{\mathbf{x}}}\left(\mathbf{b}, \mathbf{x}_{k-1}\right).$$
(5.30)

Die resultierenden Lokalisierungsunsicherheiten dieses Bildpunktes sind hingegen von der zuvor gewählten Kovarianzmatrix des Parametervektors abhängig und ergeben sich gemäß Gleichung 5.7 wie folgt:

$$\boldsymbol{\Sigma}_{\breve{\mathbf{x}},1,k} = \mathbf{J}_{f_{\breve{\mathbf{x}}},\mathbf{b}}\big|_{\mathbf{b}_0} \cdot \boldsymbol{\Sigma}_{\mathbf{b},1} \cdot \mathbf{J}_{f_{\breve{\mathbf{x}}},\mathbf{b}}\big|_{\mathbf{b}_0}^{\mathsf{T}} \in \mathbb{R}^{2\times2}$$
(5.31)

$$\boldsymbol{\Sigma}_{\breve{\mathbf{x}},2,k} = \mathbf{J}_{f_{\breve{\mathbf{x}}},\mathbf{b}}\big|_{\mathbf{b}_0} \cdot \boldsymbol{\Sigma}_{\mathbf{b},2} \cdot \mathbf{J}_{f_{\breve{\mathbf{x}}},\mathbf{b}}\big|_{\mathbf{b}_0}^{\mathsf{T}} \in \mathbb{R}^{2\times2}$$
(5.32)

Zwischen den beiden resultierenden Normalverteilungen

$$p_1\left(\breve{\mathbf{x}}_k\right) = \mathcal{N}\left(\breve{\mathbf{x}}_k \middle| \boldsymbol{\mu}_{\breve{\mathbf{x}},1,k}, \boldsymbol{\Sigma}_{\breve{\mathbf{x}},1,k}\right)$$
(5.33)

$$p_2\left(\breve{\mathbf{x}}_k\right) = \mathcal{N}\left(\breve{\mathbf{x}}_k \middle| \boldsymbol{\mu}_{\breve{\mathbf{x}},2,k}, \boldsymbol{\Sigma}_{\breve{\mathbf{x}},2,k}\right)$$
(5.34)

kann die Kullback-Leibler-Divergenz gemäß

$$\begin{aligned}
\mathrm{KL}\left(P_1\|P_2\right) = \frac{1}{2} \cdot \Big[&\mathrm{tr}\left(\boldsymbol{\Sigma}_{\breve{\mathbf{x}},2,k}^{-1} \cdot \boldsymbol{\Sigma}_{\breve{\mathbf{x}},1,k}\right) \\
&+ \left(\boldsymbol{\mu}_{\breve{\mathbf{x}},2,k} - \boldsymbol{\mu}_{\breve{\mathbf{x}},1,k}\right)^{\mathsf{T}} \cdot \boldsymbol{\Sigma}_{\breve{\mathbf{x}},2,k}^{-1} \cdot \left(\boldsymbol{\mu}_{\breve{\mathbf{x}},2,k} - \boldsymbol{\mu}_{\breve{\mathbf{x}},1,k}\right) \\
&- \ln\left(\frac{\det\left(\boldsymbol{\Sigma}_{\breve{\mathbf{x}},1,k}\right)}{\det\left(\boldsymbol{\Sigma}_{\breve{\mathbf{x}},2,k}\right)}\right) - n \Big]
\end{aligned}$$
(5.35)

analytisch berechnet werden, wobei $n = 2$ die Dimension der resultierenden Kovarianzmatrizen bezeichnet.

Unter den Voraussetzungen, dass die beiden Mittelwerte der Gauß-Verteilungen identisch sind und die Kovarianzmatrix $\boldsymbol{\Sigma}_{\mathbf{b}}$ durch eine Diagonalmatrix der Form $\boldsymbol{\Sigma}_{\mathbf{b},1} = \sigma_1^2 \cdot \mathbf{I}$ bzw. $\boldsymbol{\Sigma}_{\mathbf{b},2} = \sigma_2^2 \cdot \mathbf{I}$ beschrieben werden kann, kann Gleichung 5.35 vereinfacht werden, sodass die Kullback-Leibler-Divergenz für den hier betrachteten Fall lediglich von den gewählten Standardabweichungen abhängt und wie folgt definiert ist:

$$\mathrm{KL}\left(P_1 \| P_2\right) = \frac{1}{2} \cdot \left[2 \cdot \frac{\sigma_1^2}{\sigma_2^2} - \ln\left(\frac{\sigma_1^4}{\sigma_2^4}\right) - 2 \right] \tag{5.36}$$

Hieraus kann eine Genauigkeitsabschätzung der durchgeführten Linearisierung erfolgen. Wird beispielsweise angenommen, dass die Lokalisierungsgenauigkeit der Merkmalspunkte durch eine Gauß-Verteilung mit einer Standardabweichung von $\sigma_2 = 1{,}0$ Pixel beschrieben werden kann, die tatsächliche Standardabweichung der Verteilung jedoch $\sigma_1 = 0{,}5$ Pixel beträgt, resultiert hieraus eine Kullback-Leibler-Divergenz von

$$\mathrm{KL}\left(P_1 \| P_2\right) = 0{,}636.$$

Dieser Wert ist deutlich größer als der Wert der durch die Linearisierung der nach Gleichung 5.4 definierten Funktion hervorgerufen wird (vgl. Abbildung 5.12).

Anhand dieser Analyse ist ersichtlich, dass der Fehler, der durch die Linearisierung von Gleichung 5.4 entsteht verhältnismäßig klein ist. Gegenüber Modellfehlern kann der Linearisierungsfehler somit vernachlässigt werden, sodass die linearisierte Wahrscheinlichkeitsverteilung eine gute Approximation der tatsächlichen Wahrscheinlichkeitsverteilung darstellt.

6 Experimentelle Ergebnisse

Anhand von realen Bilddaten soll in diesem Kapitel die Praxistauglichkeit der vorgestellten Algorithmen sowie deren Leistungsfähigkeit unter schwierigen Umgebungsbedingungen gezeigt werden.

Die Evaluation[1] der Algorithmen basiert im Wesentlichen auf der in [GLU12] vorgestellten *KITTI Vision Benchmark Suite*[2], anhand derer unterschiedliche kamerabasierte Algorithmen unter realen Umgebungsbedingungen getestet werden können. Der zur Aufnahme dieser Daten verwendete Versuchsträger sowie die zur Verfügung stehende Sensorik werden in Kapitel 6.1 beschrieben. Darauf aufbauend werden in Kapitel 6.2 die verwendeten Datensätze kurz erläutert. Insbesondere wird hierbei auf die Erzeugung der Referenzdaten für die quantitative Evaluation der Algorithmen eingegangen.

In Kapitel 6.3 werden experimentelle Ergebnisse für das vorgeschlagene Verfahren zur visuellen Schätzung der Kameraeigenbewegung vorgestellt. Hierbei wird gezeigt, dass die Verwendung der Trifokalgeometrie als Beobachtungsmodell für ein Iterated Sigma-Point Kalman-Filter (ISPKF) gute Ergebnisse liefert und eine echtzeitfähige Schätzung erlaubt.

Eine Evaluation des entwickelten Verfahrens zur Schätzung dichter Bewegungsvektorfelder für die statischen Bereiche der Szene wird in Kapitel 6.4 vorgestellt. Es wird gezeigt, dass die Berücksichtigung der Epipolargeometrie sowie das zugrunde liegende Bewegungsmodell zu genauen Bewegungsvektorfeldern führen und eine zeiteffiziente Schätzung ermöglichen.

6.1 Versuchsträger

Zur experimentellen Evaluation der in dieser Arbeit vorgestellten Algorithmen werden Videodaten verwendet, die mit dem in Abbildung 6.1a gezeigten Versuchsträger aufgenommen wurden. Neben einem Stereokamerasystem verfügt das Versuchsfahrzeug über weitere Sensorik, die zur Erzeugung der Referenzdaten verwen-

---

[1] Evaluationshardware: Laptop mit 2,5 GHz Prozessor

[2] Sofern innerhalb dieses Kapitels Tabellen verwendet werden die der Homepage zu [GLU12] entnommen sind, basieren diese auf dem Stand vom 31.01.2013. Nicht veröffentlichte Arbeiten wurden nachträglich aus den Tabellen entfernt.

(a) Versuchsträger

(b) Stereokamerasystem

Abbildung 6.1: Darstellung des Versuchsträgers, mit dem die Messdaten zur Evaluation der vorgestellten Algorithmen aufgenommen wurden.

det wird. Zur Bestimmung der Fahrzeugposition und -geschwindigkeit ist ein hochgenaues GPS/IMU-Lokalisierungssystem verbaut. Ein auf dem Dach angebrachter Velodyne HDL-64E Laserscanner dient zur Erzeugung eines dreidimensionalen Umfeldmodells der Szene.

Das verwendete Stereokamerasystem (vgl. Abbildung 6.1b) besteht aus zwei Digitalkameras mit einem Öffnungswinkel von ca. $90°$ in horizontaler und ca. $35°$ in vertikaler Richtung, welche mit einer Basisbreite von etwa 54 cm auf dem Dach des Fahrzeugs montiert sind. Die beiden Kameras liefern Graustufenbilder mit einer Auflösung von 1392×512 Pixel und einer Bildwiederholrate von ca. 10 Hz, welche in einem vorverarbeitenden Schritt entzerrt und rektifiziert werden.

Eine detaillierte Beschreibung der Hardware des Versuchsträgers sowie der verwendeten Softwarearchitektur ist [WGPS08, GLM$^+$12] zu entnehmen.

6.2   Referenzdaten

Zur Evaluierung der Algorithmen werden die Daten der *KITTI Vision Benchmark Suite* verwendet, die mit dem im vorherigen Kapitel beschriebenen Versuchsträger aufgenommen wurden. Neben den eigentlichen Bilddaten stehen Referenzdaten zur Verfügung um eine quantitative Evaluierung der Algorithmen zu ermöglichen. Auf die verwendeten Datensätze sowie die Erzeugung der Referenzdaten anhand der Sensormesswerte soll im Folgenden kurz eingegangen werden. Eine ausführliche Beschreibung des verwendeten Datensatzes ist [GLU12] zu entnehmen.

Zum Vergleich der Algorithmen zur visuellen Schätzung der Fahrzeugeigenbewegung stehen insgesamt 22 Videosequenzen zur Verfügung, die in innerstädtischen Bereichen, in ländlichen Umgebungen sowie auf Autobahnen aufgenommen wurden, sodass unterschiedliche Geschwindigkeitsbereiche abgedeckt werden können. Für die Hälfte dieser Bildsequenzen stehen die Referenzdaten der Kamerabewegung zu Trainingszwecken zur Verfügung, die restlichen 11 Datensätze dienen der Evaluation. Die Bestimmung der Referenzdaten basiert auf der Bewegung des GPS/IMU-Lokalisierungssystems. Diese Bewegung kann, bei bekannter Kalibrierung zwischen GPS-System und Kamera, vom Koordinatensystem des GPS-Systems in das Kamerakoordinatensystem umgerechnet werden.

Für die Evaluierung von Algorithmen zur Schätzung des optischen Flusses stehen insgesamt 389 Stereobildpaare zur Verfügung. Referenzdaten werden für 194 Bildpaare bereitgestellt, die verbleibenden 195 Bildpaare werden für den Vergleich der Algorithmen verwendet. Anhand der verbauten Sensorik können die Referenzdaten für die Bewegungsvektorfelder nicht direkt bestimmt werden. Deshalb wird basierend auf den Daten des Laserscanners zunächst ein 3D-Umfeldmodell der Szene erzeugt. Die sich hierbei ergebende Punktwolke kann anhand der bekannten Fahrzeugbewegung sowie der gegebenen Kalibrierung zwischen den Sensoren auf zeitlich aufeinanderfolgende Bilder projiziert werden. Basierend auf den Koordinaten korrespondierender Punkte in den beiden Bildern kann anschließend das Referenzbewegungsvektorfeld bestimmt werden.

Im Gegensatz zu zahlreichen vergleichbaren Datensätzen zur Evaluierung von Algorithmen zur Schätzung des optischen Flusses (z. B. [BSL$^+$11]), welche entweder aus synthetischen Bilddaten bestehen oder unter kontrollierten Umgebungsbedingungen in einem Labor aufgenommen wurden, ergeben sich durch die Verwendung realer Daten zusätzliche Schwierigkeiten. Neben den verhältnismäßig großen Flussvektoren beinhaltet der verwendete Datensatz Kamerabilder mit transparenten und reflektierenden Oberflächen sowie Bilder bei denen sich die Beleuchtung der Szene zwischen aufeinanderfolgenden Zeitpunkten stark ändert, was zusätzliche Anforderungen an die Algorithmen stellt.

6.3 Eigenbewegungsschätzung

In diesem Kapitel wird eine quantitative Evaluierung des vorgestellten Verfahrens zur visuellen Schätzung der Fahrzeugeigenbewegung durchgeführt.

Zunächst wird die zur Evaluation der Algorithmen verwendete Bewertungsmetrik kurz beschrieben. Darauf aufbauend wird die Leistungsfähigkeit des vorgestellten Algorithmus anhand realer Bilddaten gezeigt sowie ein Vergleich gegenüber Verfahren aus der Literatur durchgeführt. Abschließend wird der in den translatorischen Bewegungskomponenten auftretende Schätzfehler genauer untersucht.

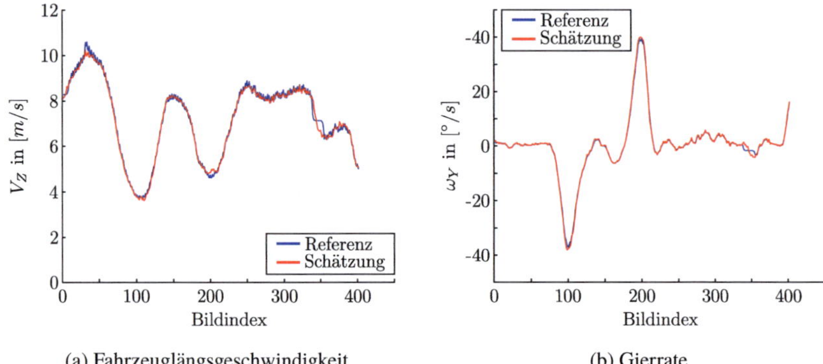

(a) Fahrzeuglängsgeschwindigkeit　　　　　　　　(b) Gierrate

Abbildung 6.2: Vergleich zwischen der geschätzten Fahrzeugeigenbewegung und der Referenzbewegung aus dem GPS/IMU-Lokalisierungssystem.

6.3.1　Bewertungsmetrik

Wie beispielsweise in [KAS07] erfolgt die Bewertung von Algorithmen zur visuellen Schätzung der Fahrzeugeigenbewegung häufig anhand der prozentualen Drift der Trajektorie, d. h. der Abweichung zwischen dem geschätzten Endpunkt und dem Endpunkt der Referenztrajektorie bezogen auf deren Gesamtlänge. Dieses Maß ist jedoch nur wenig aussagekräftig, da beispielsweise ein früh auftretender Schätzfehler in der Rotation einen deutlich größeren Einfluss auf die Drift hat als ein Fehler, der kurz vor Ende auftritt.

In dieser Arbeit kommen deshalb unterschiedliche Vergleichsmaße zur Anwendung, die eine aussagekräftigere Bewertung der zu untersuchenden Algorithmen erlauben. Stehen für die Bewegungskomponenten Referenzdaten aus dem GPS/IMU-Lokalisierungssystem zur Verfügung, erfolgt ein direkter Vergleich dieser Größen. Stehen diese Parameter nicht zur Verfügung, erfolgt die Evaluierung anhand der in [GLU12] beschriebenen Vergleichsmaße.

6.3.2　Ergebnisse

Abbildung 6.2 zeigt exemplarisch die Ergebnisse der visuellen Fahrzeugeigenbewegungsschätzung. Dargestellt ist der Verlauf der beiden dominanten Bewegungskomponenten, d. h. die Längsgeschwindigkeit V_Z sowie die Gierrate ω_Y des Fahrzeugs, für die ersten 400 Bilder einer beispielhaft gewählten Sequenz, die in einer innerstädtischen Umgebung aufgenommen wurde. Um eine bessere Einschätzung

		μ	σ
Quergeschwindigkeit	V_X	-0,032 m/s	0,153 m/s
Vertikalgeschwindigkeit	V_Y	0,050 m/s	0,150 m/s
Längsgeschwindigkeit	V_Z	-0,061 m/s	1,008 m/s
Nickrate	ω_X	-0,044 $°/s$	0,354 $°/s$
Gierrate	ω_Y	0,055 $°/s$	0,660 $°/s$
Rollrate	ω_Z	-0,008 $°/s$	0,300 $°/s$

Tabelle 6.1: Vergleich der mittleren Abweichungen zwischen der geschätzten Fahrzeugbewegung sowie der Referenzbewegung.

der Genauigkeit zu ermöglichen, sind den geschätzten Geschwindigkeiten die Bewegungsparameter aus dem GPS/IMU-System überlagert.

Anhand dieser Abbildung ist ersichtlich, dass sowohl die geschätzte Fahrzeuglängsgeschwindigkeit als auch die Gierrate sehr gut mit der Referenzbewegung des Fahrzeugs übereinstimmen. Insbesondere bei der Gierrate kann in weiten Teilen der Sequenz lediglich ein geringer Unterschied zwischen der geschätzten Bewegung und der Referenzbewegung beobachtet werden.

Die Genauigkeit der geschätzten Fahrzeugeigenbewegung kann anhand einer quantitativen Evaluation basierend auf den Trainingsdaten der *KITTI Vision Benchmark Suite* bestätigt werden, anhand derer eine Evaluierung der Algorithmen in einem breiten Geschwindigkeitsbereich möglich ist. Die Absolutgeschwindigkeit in Fahrzeuglängsrichtung reicht bei dieser Evaluation bis zu einem Maximalwert von ca. 30 m/s und beträgt im Mittel etwa 10 m/s. Der Betrag der Gierrate des Fahrzeugs liegt im Mittel bei etwa 5 $°/s$ und erreicht ein Maximum von etwa 50 $°/s$.

In Tabelle 6.1 sind die mittleren Abweichungen zwischen der visuell geschätzten Bewegung und der Referenzbewegung sowie die empirischen Standardabweichungen für alle geschätzten Bewegungsparameter dargestellt. Diese Auswertung zeigt, dass die Abweichungen zwischen den visuell geschätzten Bewegungsparametern und der Referenzbewegung im Mittel sehr gering sind, was mit den Beobachtungen aus Abbildung 6.2 übereinstimmt.

Während die mittleren Abweichungen für die translatorischen Bewegungen die gleiche Größenordnung aufweisen, unterscheiden sich die Standardabweichungen dieser Bewegungskomponenten deutlich. Die beiden translatorischen Bewegungen senkrecht zur optischen Achse der Kamera, d. h. die beiden Größen V_X und V_Y, weisen deutlich geringere Unsicherheiten auf als es für die Bewegung V_Z entlang der optischen Achse der Fall ist. Bei den rotatorischen Bewegungsparametern sind solche Unterschiede in den Unsicherheiten der einzelnen Parameter nicht zu beob-

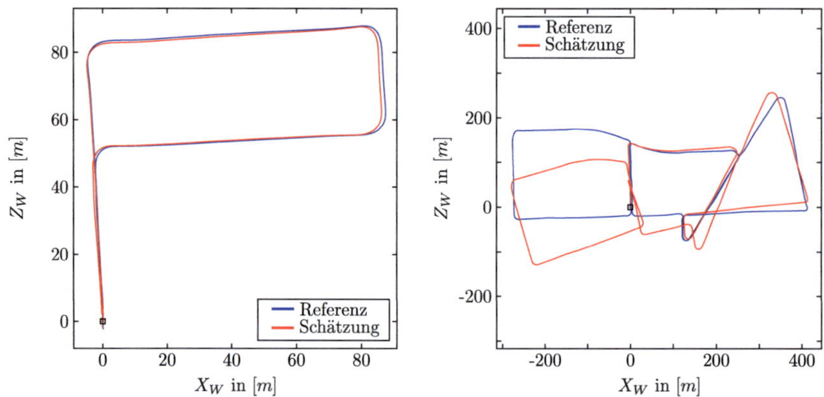

(a) Trajektorie bestehend aus 631 Posen.   (b) Trajektorie bestehend auf 3281 Posen.

Abbildung 6.3: Ergebnis der visuellen Schätzung der Fahrzeugeigenbewegung im Vergleich zur Referenztrajektorie (Quelle: Homepage zu [GLU12]).

achten. Eine detaillierte Analyse der Unsicherheiten in den geschätzten translatorischen Bewegungskomponenten wird in Kapitel 6.3.3 durchgeführt.

Trotz der verhältnismäßig geringen Abweichungen zwischen den geschätzten Bewegungsparametern und der Referenzbewegung ergibt sich eine Drift in der Positionsschätzung des Fahrzeugs. Die Trajektorien zweier unterschiedlich langer Fahrten sind in Abbildung 6.3 veranschaulicht. Anhand dieser Abbildung ist zu beobachten, dass für kurze Trajektorien lediglich eine geringe Drift zwischen wahrer und geschätzter Bewegungstrajektorie auftritt. Mit zunehmender Länge steigt diese Drift erwartungsgemäß jedoch deutlich an.

Anhand von Abbildung 6.3a ist weiterhin ersichtlich, dass die Fahrzeuglängsgeschwindigkeit etwas unterschätzt wird. Im oberen Bereich der Trajektorie verläuft der geschätzte Pfad leicht unterhalb der Referenztrajektorie, im rechten Bereich liegt der geschätzte Pfad etwas links von der Referenz. Diese Beobachtung stimmt mit der quantitativen Analyse aus Tabelle 6.1 überein, anhand derer sich im Mittel eine negative Abweichung zwischen der geschätzten Längsgeschwindigkeit und der Referenzbewegung ergibt.

Abschließend soll noch ein Vergleich des vorgestellten Verfahrens mit verschiedenen Algorithmen, die in der Literatur beschrieben sind, durchgeführt werden. Hierfür werden die Testdaten der *KITTI Vision Benchmark Suite* verwendet. Tabelle 6.2 zeigt die daraus resultierenden Ergebnisse. Anhand dieser Tabelle ist ersichtlich, dass das beschriebene Verfahren (TGVO) gute Ergebnisse hinsichtlich

Rang	Methode	Translation	Rotation	Rechenzeit
1	D6DVO	2,10 %	0,0083 $°/m$	0,03 s
2	GT_VO3pt	2,21 %	0,0117 $°/m$	1,26 s
3	VISO2-S	2,28 %	0,0154 $°/m$	0,05 s
4	**TGVO**	**2,44 %**	**0,0105 $°/m$**	**0,06 s**
5	VO3pt	2,93 %	0,0116 $°/m$	0,56 s
6	VO3ptLBA	3,17 %	0,0180 $°/m$	0,57 s
7	VOFS	4,21 %	0,0158 $°/m$	0,51 s
8	VOFSLBA	4,35 %	0,0189 $°/m$	0,52 s
9	VISO2-M	13,79 %	0,0372 $°/m$	0,1 s

Tabelle 6.2: Vergleich unterschiedlicher Verfahren zur visuellen Schätzung der Fahrzeugeigenbewegung (Quelle: Homepage zu [GLU12]; Stand: 31.01.2013).

der translatorischen sowie der rotatorischen Abweichungen liefert. Insbesondere bei der Schätzung der rotatorischen Bewegungskomponenten gehört der beschriebene Algorithmus zu den besten Verfahren.

Mit einer durchschnittlichen Rechenzeit von etwa 60 Millisekunden pro Frame ist das vorgestellte Verfahren zudem für Anwendungen geeignet, bei denen die Echtzeitfähigkeit der Algorithmen von Bedeutung ist.

Das vorgestellte Verfahren erlaubt insgesamt eine robuste Schätzung der Fahrzeugeigenbewegung in realen Verkehrsszenarien. Unabhängig bewegte Objekte sowie Fehlzuordnungen zwischen den Merkmalspunkten können aufgrund der durchgeführten Merkmalsauswahl mittels Bucketing sowie des robusten Innovationsschrittes sehr gut behandelt werden, sodass auch in innerstädtischen Umgebungen mit zahlreichen unabhängig bewegten Objekten zuverlässige Schätzergebnisse zur Verfügung stehen. Lediglich wenn die Mehrzahl der Merkmalskorrespondenzen auf einem einzelnen unabhängig bewegten Objekt liegt, ist keine zuverlässige Schätzung der Bewegungsparameter mehr möglich.

Gegenüber Verfahren aus der Literatur ist das beschriebene Verfahren nicht auf rektifizierte Stereokamerasysteme mit konstanter Kalibrierung beschränkt, sondern kann für nahezu beliebige Kamerakonfigurationen eingesetzt werden. Hierdurch können deutlich mehr Anwendungsfälle abgedeckt werden, als es beispielsweise mit den in [How08, GZS11, HABR11] beschriebenen Verfahren der Fall ist.

6.3.3 Analyse des Schätzfehlers

Anhand von Tabelle 6.1 ist ersichtlich, dass die mittlere Abweichung der translatorischen Bewegungskomponenten relativ gering ist und für alle Komponenten die gleiche Größenordnung aufweist. Die Standardabweichungen der einzelnen Bewegungskomponenten sind jedoch stark unterschiedlich. Dies soll im Folgenden detailliert analysiert werden.

In Kapitel 4.2 wurde untersucht, wie stark sich eine fehlerhafte Kamerapose auf den Rückprojektionsfehler eines 3D-Szenenpunktes auswirkt. Anhand dieser Untersuchung konnte festgestellt werden, dass die Empfindlichkeiten des Rückprojektionsfehlers im Bild gegenüber der beiden translatorischen Bewegungskomponenten senkrecht zur optischen Achse durch

$$S_{t_X} = S_{t_Y} = \frac{f}{Z_W} \tag{6.1}$$

gegeben sind. Die Empfindlichkeit gegenüber einer fehlerhaften Pose in Richtung der optischen Achse ergibt sich für kleine Abweichungen zu:

$$S_{t_Z} = \frac{f}{Z_W} \cdot \underbrace{\sqrt{\frac{X_W^2 + Y_W^2}{Z_W^2}}}_{F} \tag{6.2}$$

Der Rückprojektionsfehler bei einer fehlerhaften Schätzung der Posenparameter t_X bzw. t_Y hängt demnach lediglich von der Entfernung Z_W des betrachteten Szenenpunktes ab. Eine fehlerhafte Schätzung des Posenparameters t_Z, parallel zur optischen Achse, resultiert in einem Rückprojektionsfehler der sowohl von der Entfernung des Szenenpunktes als auch von der Richtung des korrespondierenden Sichtstrahls beeinflusst wird.

Die einzelnen Posenparameter hängen hauptsächlich von den korrespondierenden Bewegungsparametern ab (d. h. t_X wird durch V_X beeinflusst usw.). Wird neben den in Kapitel 4.2 genannten Annahmen zusätzlich davon ausgegangen, dass $\Delta t = 1$ gilt, sind die Empfindlichkeiten der Posenparameter und der zugrunde liegenden Bewegungsparameter identisch, d. h. es gilt:

$$S_{V_X} = S_{V_Y} = S_{t_X} = S_{t_Y}$$
$$S_{V_Z} = S_{t_Z}$$

Eine große Unsicherheit in den geschätzten Bewegungsparametern deutet darauf hin, dass der durch eine fehlerhafte Schätzung hervorgerufene Rückprojektionsfehler im Bild gering ist. Dies ist genau dann der Fall, wenn die Empfindlichkeit des Rückprojektionsfehlers bezüglich der jeweils betrachteten Bewegungskomponente klein ist.

Ein Vergleich der Gleichungen 6.1 und 6.2 zeigt, dass sich die Empfindlichkeiten lediglich durch den Faktor

$$F = \sqrt{\frac{X_W^2 + Y_W^2}{Z_W^2}} \qquad (6.3)$$

unterscheiden. Gilt $F < 1$, resultiert ein Fehler in der Schätzung der Fahrzeuglängsgeschwindigkeit in einem geringeren Rückprojektionsfehler als ein gleich großer Schätzfehler in jeweils einer der beiden Geschwindigkeitskomponenten senkrecht zur optischen Achse. Dies ist genau dann der Fall, wenn folgender Zusammenhang gilt:

$$X_W^2 + Y_W^2 < Z_W^2 \iff \left(\frac{X_W}{Z_W}\right)^2 + \left(\frac{Y_W}{Z_W}\right)^2 < 1 \qquad (6.4)$$

Dieser Zusammenhang kann in Abhängigkeit des Punktes $\mathbf{x}_S$ im Sensorkoordinatensystem der Kamera ausgedrückt werden, der mit dem 3D-Szenenpunkt $\mathbf{X}_W$ korrespondiert (vgl. Kapitel 2.1). Gleichung 6.4 liefert somit für Punkte im Sensorkoordinatensystem den Zusammenhang

$$\left(\frac{x_S}{f}\right)^2 + \left(\frac{y_S}{f}\right)^2 < 1. \qquad (6.5)$$

Wird weiterhin vorausgesetzt, dass $f = 1$ gilt, d. h. das Bild in der normalisierten Bildebene liegt, vereinfacht sich Gleichung 6.5 zu:

$$x_{S,N}^2 + y_{S,N}^2 < 1 \qquad (6.6)$$

Anhand dieser Gleichung kann bei gegebener intrinsischer Kalibrierung für jeden Punkt $\mathbf{x}_{S,N} = \mathbf{K}^{-1} \cdot \mathbf{x}_I$ in der normalisierten Bildebene eine Aussage darüber getroffen werden, ob $F < 1$ gilt oder nicht. Abbildung 6.4 veranschaulicht die einzelnen Bereiche exemplarisch anhand eines Beispielbildes.

Im grau dargestellten Bereich gilt $F < 1$. Für Merkmalspunkte in diesem Bereich ist demnach die Empfindlichkeit des Rückprojektionsfehlers bezüglich eines Schätzfehlers in der Fahrzeuglängsgeschwindigkeit geringer als für die beiden Bewegungsparameter senkrecht zur optischen Achse der Kamera. Hieraus folgt, dass der zu optimierende Fehlerterm stärker durch die translatorischen Bewegungskomponenten senkrecht zur optischen Achse beeinflusst wird als durch die Bewegung in Längsrichtung des Fahrzeugs. Lediglich in den Ecken des Bildes gilt $F \geq 1$, sodass ein Fehler in der Fahrzeuglängsgeschwindigkeit für Merkmalspunkte in diesen Bereichen einen größeren Einfluss auf den Rückprojektionsfehler aufweist als die beiden verbleibenden translatorischen Bewegungskomponenten.

Abbildung 6.4: Exemplarische Darstellung der Empfindlichkeiten des Rückprojektionsfehlers. In grau dargestellten Bereichen gilt $F < 1$, d. h. Merkmalspunkte in diesem Bereich haben bei einer fehlerhaften Schätzung der Fahrzeuglängsgeschwindigkeit einen geringeren Einfluss auf den Rückprojektionsfehler als bei einer fehlerhaften Schätzung der Geschwindigkeitskomponenten senkrecht zur optischen Achse. Innerhalb der blau dargestellten Ecken des Bildes gilt $F \geq 1$.

In den blau dargestellten Bereichen sind üblicherweise jedoch keine Merkmalspunkte vorhanden, die für die Schätzung der Fahrzeugeigenbewegung verwendet werden können. Alle berücksichtigten Merkmalskorrespondenzen weisen somit eine größere Empfindlichkeit gegenüber Schätzfehlern senkrecht zur optischen Achse auf als es für Fehler entlang der optischen Achse der Fall ist. Demnach ist die Schätzung der Fahrzeuglängsgeschwindigkeit weniger zuverlässig, sodass sich insgesamt eine größere Unsicherheit in der geschätzten translatorischen Bewegungskomponente parallel zur optischen Achse der Kamera ergibt.

6.4 Flussschätzung

In diesem Kapitel wird eine quantitative Evaluierung des in dieser Arbeit vorgestellten Verfahrens zur Schätzung dichter Bewegungsvektorfelder durchgeführt.

Zunächst wird hierbei der Einfluss des gewählten Merkmalsdeskriptors auf das Schätzergebnis sowie die benötigte Rechenzeit untersucht. Anhand dieser Evaluierung wird ein Merkmalsvektor gewählt, der sowohl hinsichtlich der Genauigkeit des geschätzten Flussfeldes gute Ergebnisse liefert als auch eine effiziente Berechnung des Bewegungsvektorfeldes ermöglicht.

Basierend auf dem so gewählten Merkmalsdeskriptor wird anschließend ein Vergleich des hier vorgestellten Algorithmus mit Verfahren aus der Literatur durchgeführt, um die Leistungsfähigkeit des entwickelten Algorithmus unter realen Umgebungsbedingungen zu zeigen.

6.4.1 Bewertungsmetrik

Zur quantitativen Bewertung des vorgestellten Verfahrens sowie zum Vergleich unterschiedlicher Algorithmen zur Schätzung des optischen Flusses wird, ähnlich wie in [BSL+11, GLU12], der euklidische Fehler zwischen dem geschätzten Bewegungsvektor und dem Referenzfluss verwendet. Dieser Fehler wird in der Literatur häufig auch als Endpoint-Error (EE) bezeichnet und berechnet sich zu:

$$\mathrm{EE} = \sqrt{\left(u_{est} - u_{ref}\right)^2 + \left(v_{est} - v_{ref}\right)^2} \tag{6.7}$$

Hierin beschreibt $\{u_{est}, v_{est}\}$ die beiden Komponenten des geschätzten Flussvektors, $\{u_{ref}, v_{ref}\}$ repräsentiert den Referenzwert des Bewegungsvektors.

6.4.2 Ergebnisse

Die Schätzung dichter Bewegungsvektorfelder erfolgt bei dem in dieser Arbeit vorgestellten Algorithmus anhand eines regionenbasierten Ansatzes. Die hierbei gewählte probabilistische Modellierung des Schätzproblems (vgl. Kapitel 5) erlaubt prinzipiell die Verwendung nahezu beliebiger Merkmalsvektoren $\mathbf{f}$ zur Beschreibung der Bildpunkte sowie Vergleichsmaße Q zur Bewertung der Ähnlichkeit zweier Vektoren. Die Wahl des Merkmalsvektors beeinflusst jedoch die benötigte Rechenzeit sowie das Ergebnis der Flussschätzung deutlich.

Um eine quantitative Aussage über den Einfluss des gewählten Merkmalsvektors auf die Qualität des Schätzergebnisses sowie die benötigte Rechenzeit treffen zu können, sollen zunächst verschiedene Merkmalsvektoren hinsichtlich der beiden genannten Kriterien verglichen werden. Die Auswertung erfolgt anhand der Trainingsdaten der *KITTI Vision Benchmark Suite*. Als Vergleichsmaß dient der euklidische Fehler zwischen den geschätzten Bewegungsvektoren und dem Referenzfluss (vgl. Kapitel 6.4.1). Ausgewertet werden hierbei nur diejenigen Bildpunkte, für die sowohl eine Schätzung des optischen Flusses als auch ein Referenzbewegungsvektor zur Verfügung steht.

Bei der Auswahl der zu vergleichenden Merkmalsvektoren wird insbesondere berücksichtigt, dass diese effizient aus dem Bild extrahiert werden können, um eine näherungsweise echtzeitfähige Schätzung der Bewegungsvektorfelder zu ermöglichen. Aus diesem Grund beschränkt sich die Auswertung auf Merkmalsvektoren, die die Grauwerte in einer kleinen Umgebung $\mathcal{R}$ um den betrachteten Bildpunkt beinhalten, sowie die Census-Transformation dieser Bildregion. Als Vergleichsmaß Q dient die SAD (vgl. Kapitel 3.2.2) im Falle der Grauwerte sowie die Hamming-Distanz (vgl. [Ste04]) im Falle der Census-Transformation. Um den Einfluss der

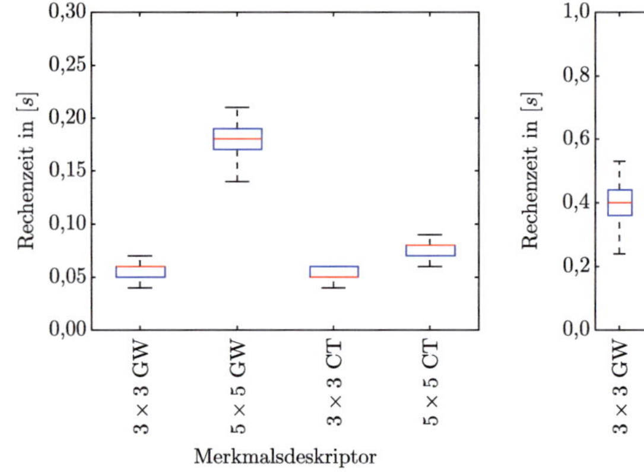
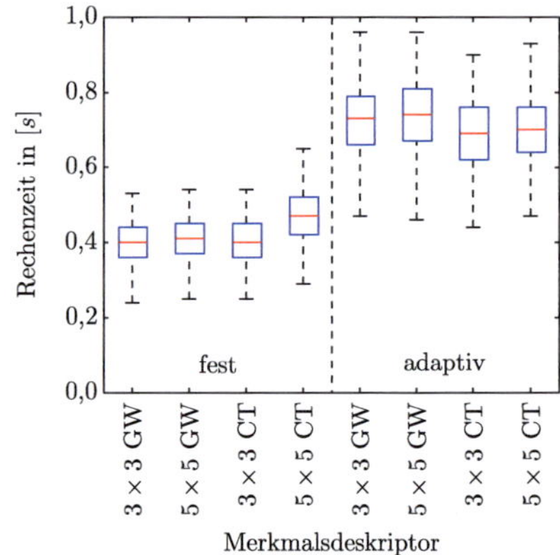

(a) Kastengrafik der Rechenzeiten für die Extraktion der Deskriptoren.

(b) Kastengrafik der Rechenzeiten für die dichte Korrespondenzsuche.

Abbildung 6.5: Auswertung der Zeiten, die zur Berechnung eines dichten Deskriptorfeldes für beide Bilder benötigt werden sowie die benötigte Zeit für die Korrespondenzsuche in Abhängigkeit des gewählten Deskriptors (GW: Grauwerte, CT: Census-Transformation) und der gewählten Suchstrategie.

Deskriptordimension auf das Schätzergebnis beurteilen zu können, werden die genannten Deskriptoren sowohl in einem 3×3 Pixel großen Fenster als auch in einem Fenster der Größe 5×5 Pixel extrahiert. Auf eine Untersuchung hochdimensionaler Merkmalsdeskriptoren (z. B. SIFT, SURF) wird verzichtet, da diese nicht effizient für alle Bildpunkte berechnet werden können.

Zunächst soll untersucht werden, wie groß der Aufwand zur Berechnung dichter Deskriptorfelder in Abhängigkeit des gewählten Merkmalsvektors ist. Hierfür werden für alle 194 Trainingsbildpaare, deren Auflösung im Mittel 1237×374 Pixel beträgt, die Deskriptorfelder für jeweils beide Bilder bestimmt und die dafür benötigte Rechenzeit ermittelt. Diese ist in Abbildung 6.5a in Form einer Kastengrafik (vgl. [MTL78]) dargestellt.

Einerseits ist aus dieser Abbildung ersichtlich, dass sich der Aufwand für die Extraktion der Deskriptoren erwartungsgemäß mit steigender Dimension des Merkmalsvektors erhöht. Andererseits ist zu beobachten, dass die Census-Transformation des Bildbereiches effizienter aus dem Bild extrahiert und gespeichert werden kann als die Grauwerte der einzelnen Pixel. Eine genauere Analyse ergibt, dass insbesondere der Aufwand zum Speichern der extrahierten Deskriptoren bei den Grauwerten höher ist als bei den binären Census-Deskriptoren.

Ein ähnlicher Zusammenhang kann auch für die benötigte Rechenzeit zur Schätzung des dichten Bewegungsvektorfeldes beobachtet werden, welcher ebenfalls auf der Auswertung der Trainingsdaten beruht. Abbildung 6.5b veranschaulicht die Rechenzeit die für den letzten Schritt der Flussschätzung, die dichte Korrespondenzsuche (vgl. Kapitel 5.4), benötigt wird. Anhand dieser Abbildung ist ersichtlich, dass die benötigte Rechenzeit für den Deskriptorvergleich sowohl von der Dimension des Merkmalsvektors als auch vom verwendeten Qualitätsmaß Q abhängig ist. Zum einen ist zu beobachten, dass der Aufwand zum Vergleich zweier Bildpunkte mit zunehmender Länge des Merkmalsvektors ansteigt. Zum anderen ist ersichtlich, dass die Hamming-Distanz zwischen zwei binären Deskriptoren üblicherweise effizienter berechnet werden kann als die Summe der absoluten Grauwertdifferenzen.

Weiterhin ist anhand von Abbildung 6.5b der Einfluss der gewählten Suchstrategie auf den Aufwand für die Schätzung ersichtlich. Zu erkennen ist, dass der Aufwand bei Verwendung eines adaptiven Suchbereichs deutlich höher ist, als im Falle einer fest vorgegebenen Größe des Suchfensters. Dies ist insbesondere deshalb erwähnenswert, weil bei der adaptiven Suchstrategie pro Bildpunkt nur etwa 13 Kandidaten überprüft werden. Bei der Suche in einem festen Suchbereich $\mathcal{B}$, der in diesem Fall als 7×7 Pixel großes Fenster um den prädizierten Bildpunkt gewählt wird, sind aufgrund der berücksichtigten Epipolargeometrie zur Begrenzung des Suchbereichs im Mittel etwa 29 Kandidaten pro Bildpunkt zu überprüfen. Als Ursache für diesen Unterschied kann die Auswertung der Jacobi-Matrix zur Bestimmung der Prädiktionsunsicherheit festgestellt werden, welche verhältnismäßig viel Zeit erfordert.

Hinsichtlich der Genauigkeit des resultierenden Bewegungsvektorfeldes ist anhand von Abbildung 6.6 zu beobachten, dass sich diese mit steigender Deskriptorlänge erhöht. Dieser Einfluss ist bei einem adaptiv gewählten Suchfenster deutlicher ausgeprägt (vgl. Abbildung 6.6a) als es bei einem Suchbereich mit fest vorgegebener Fenstergröße der Fall ist (vgl. Abbildung 6.6b). Allgemein bestätigt sich somit die Annahme, dass ein größerer Deskriptor eine diskriminativere Beschreibung der Bildregion erlaubt und somit eine robustere Korrespondenzsuche ermöglicht. Die Auswertung zeigt auch, dass ein adaptiver Suchbereich gegenüber einem fest vorgegebenen Suchbereich im Falle der Grauwerte zu einer deutlichen Reduktion des resultierenden Fehlers führt. Wird die Census-Transformation verwendet, ist zwischen adaptivem und festem Suchbereich keine nennenswerte Reduktion des Fehlers festzustellen.

Die Tatsache, dass die Wahl des Merkmalsvektors bei fest vorgegebenem Suchbereich lediglich einen geringen Einfluss auf die Genauigkeit des resultierenden Bewegungsvektorfeldes hat (vgl. Abbildung 6.6b), zeigt, dass die Prädikti-

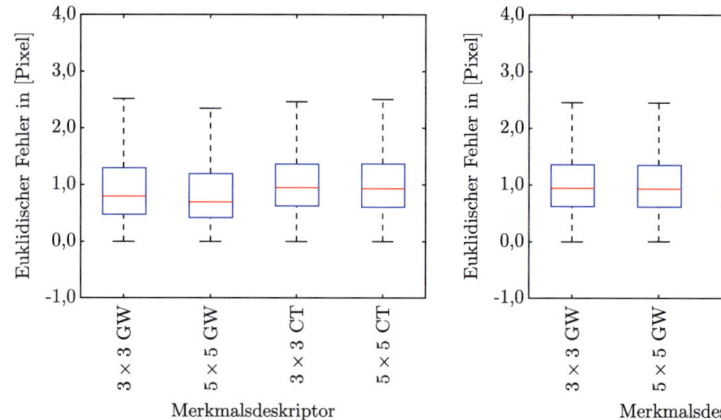

(a) Kastengrafik des euklidischen Fehlers der Bewegungsvektoren bei adaptivem Suchbereich.

(b) Kastengrafik des euklidischen Fehlers der Bewegungsvektoren bei festem Suchbereich.

Abbildung 6.6: Auswertung des euklidischen Fehlers zwischen geschätztem optischen Fluss und Referenzfluss in Abhängigkeit vom gewählten Merkmalsvektor (GW: Grauwerte, CT: Census-Transformation) sowie der gewählten Suchstrategie. Ausreißer sind der Übersichtlichkeit halber nicht dargestellt.

on des erwarteten Bildpunktes ausreichend genau ist. Die gewählte Modellierung der im Bild sichtbaren Bewegung mittels einer stückweise affinen Transformation (vgl. Kapitel 5.2) beschreibt demnach die tatsächlich auftretende Bewegung gut. Somit erlaubt das vorgestellte Verfahren die Verwendung niedrigdimensionaler Merkmalsvektoren, wodurch eine effiziente Schätzung der Bewegungsvektorfelder ermöglicht wird.

Werden sowohl die benötigte Rechenzeit als auch der Fehler in der Flussschätzung bei der Bewertung der getesteten Merkmalsdeskriptoren berücksichtigt, können insgesamt die besten Ergebnisse erzielt werden, wenn als Merkmalsdeskriptor die Grauwerte innerhalb eines 3×3 Pixel großen Fensters gewählt werden und die Korrespondenzsuche in einem fest vorgegebenen Bildbereich durchgeführt wird. Gegenüber einer adaptiven Wahl des Suchfensters ist der resultierende Fehler bei festem Suchfenster nur geringfügig höher, die benötigte Rechenzeit kann jedoch deutlich reduziert werden. Die folgenden Betrachtungen basieren deshalb auf einem Vergleich der Grauwerte innerhalb eines 3×3 Pixel großen Fensters. Der Bereich für die Suche des korrespondierenden Bildpunktes ist unabhängig von der Prädiktionsunsicherheit und hat eine Größe von 7×7 Pixel, wobei Kandidaten deren Abstand zur Epipolarlinie einen vorgegebenen Schwellwert überschreitet von der Korrespondenzsuche ausgeschlossen werden.

Um einen quantitativen Vergleich des vorgestellten Algorithmus mit Verfahren aus der Literatur durchzuführen, werden ebenfalls die Daten der *KITTI Vision Benchmark Suite* verwendet. Bevor detaillierter auf diese Evaluierung eingegangen wird, soll zunächst jedoch ein qualitativer Vergleich der unterschiedlichen Verfahrensklassen durchgeführt werden. Abbildung 6.7 zeigt hierzu die resultierenden Bewegungsvektorfelder sowie den Fehler zwischen geschätztem optischen Fluss und Referenzbewegung für den in dieser Arbeit vorgestellten Algorithmus, ein globales Verfahren (vgl. Kapitel 3.2.1.2) sowie ein einfaches regionenbasiertes Verfahren (vgl. Kapitel 3.2.2).

Anhand von Abbildung 6.7e ist ersichtlich, dass die Verwendung eines globalen Schätzverfahrens zu einem dichten Bewegungsvektorfeld führt. Dieses ist insgesamt jedoch sehr stark geglättet und innerhalb des abgeschatteten Fahrbahnbereichs aufgrund der geringen Textur fehlerhaft (vgl. Abbildung 6.7f). Demgegenüber steht das in Abbildung 6.7g dargestellte Schätzergebnis für einen einfachen Block-Matching-Algorithmus, der in einem rechteckigen Suchbereich $\mathcal{B}$ um den betrachteten Bildpunkt nach korrespondierenden Punkten sucht. Zu erkennen ist, dass in diesem Fall keine genaue Schätzung des optischen Flusses möglich ist. Insbesondere auf der wenig texturierten Fahrbahnoberfläche treten zahlreiche Fehlzuordnungen auf, die im Wesentlichen durch das Rauschen des Kamerasensors bedingt sind. Fehler bei der Korrespondenzsuche treten jedoch auch in stärker texturierten Bildbereichen auf (vgl. Abbildung 6.7h), sodass dieses Verfahren keine zuverlässige Flussschätzung erlaubt.

Das in dieser Arbeit vorgestellte Verfahren liefert hingegen auch in den näherungsweise homogenen Bildbereichen auf der Fahrbahnoberfläche zuverlässige Schätzergebnisse (vgl. Abbildung 6.7d), da Fehlzuordnungen durch das verwendete Schätzkriterium sowie die Berücksichtigung der Epipolargeometrie zwischen den Ansichten reduziert werden können. Größere Abweichungen zwischen geschätztem Fluss und Referenzbewegung sind in diesem exemplarisch gewählten Fall lediglich im linken Randbereich festzustellen, da die Ebenenannahme auf den Sträuchern verletzt ist.

Diese Beobachtungen können anhand der durchgeführten quantitativen Evaluierung der unterschiedlichen Verfahren bestätigt werden. Hierfür werden zunächst die Trainingsdaten der *KITTI Vision Benchmark Suite* mit gegebenen Referenzdaten verwendet. Ausgewertet wird der euklidische Fehler zwischen dem geschätzten Flussvektor und der Referenzbewegung basierend auf allen 194 Trainingsbildern. Tabelle 6.3 zeigt die resultierenden Ergebnisse für das hier vorgestellte Verfahren, zwei verschiedene globale Schätzalgorithmen sowie den bereits erwähnten Block-Matching-Algorithmus, in Form des mittleren Fehlers μ_{EE} sowie dessen empirischer Standardabweichung σ_{EE}. Hierbei wird die Auswertung lediglich an denje-

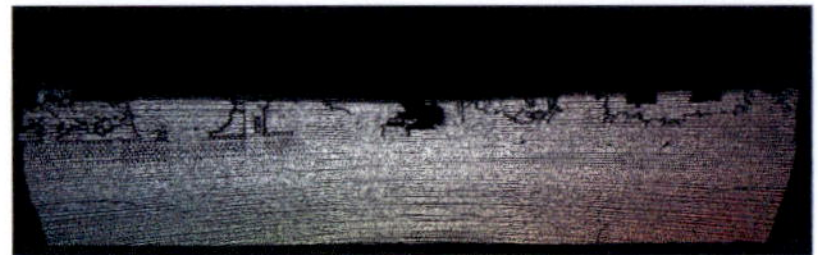

(a) Referenzbewegungsvektorfeld

(b) Beispielbild

(c) Resultierendes Flussfeld bei Verwendung des hier vorgestellten Verfahrens.

(d) Fehler zwischen geschätztem optischen Fluss und Referenzbewegung.

(e) Resultierendes Flussfeld bei Verwendung des in [XJM12] vorgestellten globalen Schätzverfahrens.

(f) Fehler zwischen geschätztem optischen Fluss und Referenzbewegung.

(g) Resultierendes Flussfeld bei Verwendung einer vollen Suche.

(h) Fehler zwischen geschätztem optischen Fluss und Referenzbewegung.

Abbildung 6.7: Resultierende Bewegungsvektorfelder bei Verwendung unterschiedlicher Verfahren zur Schätzung des optischen Flusses sowie der jeweils resultierende Fehler zwischen dem geschätzten optischen Fluss und der Referenzbewegung (grün: geringer Fehler, rot: großer Fehler).

nigen Bildpunkten durchgeführt, für die eine Schätzung zur Verfügung steht. Die Ergebnisse zeigen, dass der hier vorgestellte Algorithmus die besten Resultate unter den betrachteten Schätzverfahren liefert.

Anhand von Tabelle 6.3 ist zudem ersichtlich, wie stark das Schätzergebnis durch die Epipolargeometrie bzw. den prädizierten Bildpunkt beeinflusst wird. Wird lediglich die Epipolargeometrie ausgenutzt, d. h. es werden nur diejenigen Kandidaten bei der Schätzung berücksichtigt, die in einem schmalen Band um die korrespondierende Epipolarlinie liegen, resultiert dies in sehr großen Fehlern. Basiert

	μ_{EE}	σ_{EE}
Regionenbasiertes Verfahren (adaptiver Suchbereich)	1,45 px	3,17 px
Regionenbasiertes Verfahren (fester Suchbereich)	1,55 px	3,15 px
Regionenbasiertes Verfahren (nur prädizierter Punkt)	1,75 px	3,61 px
Regionenbasiertes Verfahren (nur Epipolargeometrie)	31,15 px	41,30 px
Regionenbasiertes Verfahren (volle Suche)	58,13 px	41,95 px
Globales Verfahren aus [CP11]	4,66 px	13,85 px
Globales Verfahren aus [XJM12]	4,78 px	13,80 px

Tabelle 6.3: Vergleich des mittleren Fehlers in Pixel zwischen geschätztem optischen Fluss und Referenzbewegung für unterschiedliche Verfahrensklassen.

die Schätzung lediglich auf dem prädizierten Bildpunkt, d. h. es werden alle Kandidaten in einem kleinen rechteckigen Bereich um diesen Punkt betrachtet, kann der Fehler deutlich reduziert werden. Wenn für diese Kandidaten zusätzlich die Epipolargeometrie berücksichtigt wird, kann eine weitere Reduktion des mittleren Fehlers erreicht werden, sodass mit dem vorgestellten Algorithmus insgesamt sehr gute Ergebnisse erzielt werden können.

Des Weiteren wird ein Vergleich des hier vorgestellten Verfahrens mit zahlreichen Verfahren aus der Literatur durchgeführt, wobei hierfür die Testdaten der *KITTI Vision Benchmark Suite* verwendet werden. Die resultierenden Ergebnisse sind in Tabelle 6.4 dargestellt. Hierbei ist zu beachten, dass der Benchmark für die Evaluation dichter Bewegungsvektorfelder bestimmt ist. Sind die Bewegungsvektorfelder nicht dicht, werden die Flussvektoren an den fehlenden Pixeln durch Inter- bzw. Extrapolation aus den geschätzten Bewegungsvektoren bestimmt.

Der hier vorgestellte Algorithmus (GC-BM-Mono bzw. GC-BM-Bino) gehört zu den besten Verfahren, liefert jedoch mit einer mittleren Abweichung von ca. 5,0 Pixel relativ große Fehler. Dies ist darauf zurückzuführen, dass durch die Extrapolation des Bewegungsvektorfeldes insbesondere in den Randbereichen der Bilder, in denen mit dem vorgestellten Verfahren üblicherweise keine Bewegungsschätzung möglich ist, große Fehler entstehen. Werden lediglich diejenigen Pixel bei der Evaluation betrachtet für die eine Flussschätzung zur Verfügung steht, liefert der hier vorgestellte Algorithmus mit einem mittleren Fehler von 1,4 Pixel (mit Ausnutzung der approximierten Stereoinformation) bzw. 1,5 Pixel (ohne Ausnutzung der Stereoinformation) sehr gute Schätzergebnisse im Vergleich zu den verbleibenden Algorithmen (vgl. Tabelle 6.5). Zudem kann die benötigte Rechenzeit im Vergleich zu den meisten Vergleichsalgorithmen deutlich reduziert werden.

Abschließend soll noch untersucht werden, inwieweit die Genauigkeit der geschätzten Bewegungsvektorfelder durch die Integration von Stereoinformationen (vgl.

Rang	Methode	Ausreißer	μ_{EE}	Dichte	Rechenzeit
1	fSGM	11,03 %	3,2 px	100,00 %	60 s
2	TGV2CENSUS	11,14 %	2,9 px	100,00 %	4 s
3	**GC-BM-Bino**	**18,93 %**	**5,0 px**	**83,73 %**	**1,3 s**
4	**GC-BM-Mono**	**19,49 %**	**5,0 px**	**84,33 %**	**1,3 s**
5	HS	19,92 %	5,8 px	100,00 %	180 s
6	RSRS-Flow	20,74 %	6,2 px	100,00 %	240 s
7	ALD	21,35 %	10,9 px	100,00 %	110 s
8	LDOF	21,86 %	5,5 px	100,00 %	60 s
9	C+NL	24,64 %	9,0 px	100,00 %	180 s
10	DB-TV-L1	30,75 %	7,8 px	100,00 %	16 s
11	GCSF	33,23 %	7,0 px	48,27 %	2,4 s
12	HAOF	35,76 %	11,1 px	100,00 %	16,2 s
13	RLOF	37,41 %	8,2 px	16,45 %	0,6 s
14	PolyExpand	47,54 %	17,2 px	100,00 %	1 s
15	OCV-BM	63,46 %	24,4 px	100,00 %	90 s
16	Pyramid-LK	65,74 %	21,7 px	99,90 %	90 s

Tabelle 6.4: Vergleich unterschiedlicher Verfahren zur Schätzung des optischen Flusses basierend auf den Testdaten der *KITTI Vision Benchmark Suite* unter Berücksichtigung aller Bildpunkte. Als Ausreißer werden diejenigen Bildpunkte klassifiziert, deren Fehler einen Schwellwert von drei Pixeln überschreitet (Quelle: Homepage zu [GLU12]; Stand: 31.01.2013).

Kapitel 5.5) beeinflusst wird. Für diese Evaluation werden ebenfalls die Testdaten verwendet und lediglich diejenigen Bildpunkte betrachtet, für die eine Schätzung des optischen Flusses zur Verfügung steht. Anhand von Tabelle 6.5 ist ersichtlich, dass die Verwendung beider Bilder des Stereokamerasystems (GC-BM-Bino) eine geringfügige Reduktion des mittleren Fehlers im Vergleich zur monokularen Schätzung (GC-BM-Mono) ermöglicht.

Insgesamt liefert das vorgestellte Verfahren für die Schätzung dichter Bewegungsvektorfelder selbst in realen Umgebungen gute Ergebnisse hinsichtlich der Genauigkeit des Flussfeldes. Große Bewegungsvektoren sowie eine Korrespondenzsuche in näherungsweise homogenen Bildbereichen können aufgrund des zugrunde liegenden Bewegungsmodells sowie der Berücksichtigung der Epipolargeometrie zwischen den Ansichten gut behandelt werden. Gegenüber den Verfahren aus der Literatur, bei denen große Flussvektoren üblicherweise zu fehlerhaften Schätzungen führen, können somit deutlich bessere Ergebnisse erzielt werden. Zudem benötigt das vorgestellte Verfahren selbst bei großen Bildern nur eine vergleichsweise geringe Rechenzeit. Eine Übersicht der Rechenzeiten für die einzel-

Rang	Methode	Ausreißer	μ_{EE}	Dichte	Rechenzeit
1	RLOF	4,29 %	1,1 px	16,45 %	0,6 s
2	**GC-BM-Bino**	**6,92 %**	**1,4 px**	**83,73 %**	**1,3 s**
3	**GC-BM-Mono**	**7,82 %**	**1,5 px**	**84,33 %**	**1,3 s**
4	GCSF	7,84 %	1,8 px	48,27 %	2,4 s
5	fSGM	11,03 %	3,2 px	100,00 %	60 s
6	TGV2CENSUS	11,14 %	2,9 px	100,00 %	4 s
7	HS	19,92 %	5,8 px	100,00 %	180 s
8	RSRS-Flow	20,74 %	6,2 px	100,00 %	240 s
9	ALD	21,35 %	10,9 px	100,00 %	110 s
10	LDOF	21,86 %	5,5 px	100,00 %	60 s
11	C+NL	24,64 %	9,0 px	100,00 %	180 s
12	DB-TV-L1	30,75 %	7,8 px	100,00 %	16 s
13	HAOF	35,76 %	11,1 px	100,00 %	16,2 s
14	PolyExpand	47,54 %	17,2 px	100,00 %	1 s
15	OCV-BM	63,46 %	24,4 px	100,00 %	90 s
16	Pyramid-LK	65,71 %	21,5 px	99,90 %	90 s

Tabelle 6.5: Vergleich unterschiedlicher Verfahren zur Schätzung des optischen Flusses basierend auf den Testdaten der *KITTI Vision Benchmark Suite* unter Berücksichtigung derjenigen Bildpunkte für die eine Flussschätzung zur Verfügung steht. Als Ausreißer werden diejenigen Bildpunkte klassifiziert, deren Fehler einen Schwellwert von drei Pixeln überschreitet (Quelle: Homepage zu [GLU12]; Stand: 31.01.2013).

Merkmalsextraktion und initiale Korrespondenzsuche	420 ms
Schätzung der Epipolargeometrie (Visuelle Odometrie)	170 ms
Extraktion der Deskriptoren in beiden Bildern	60 ms
Delaunay-Triangulation der initialen Korrespondenzen	20 ms
Korrespondenzprädiktion anhand des Bewegungsmodells	10 ms
Dichte Korrespondenzsuche	460 ms
SUMME	1140 ms

Tabelle 6.6: Übersicht der Rechenzeiten für die einzelnen Schritte der Schätzung.

nen Teilschritte der Flussschätzung ist Tabelle 6.6 zu entnehmen. Exemplarisch wurde hierfür das in Abbildung 6.7b dargestellte Bild mit einer Auflösung von 1241×376 Pixeln verwendet.

7 Zusammenfassung und Ausblick

In der vorliegenden Arbeit wurde ein Verfahren zur effizienten Schätzung nahezu dichter Bewegungsvektorfelder für die statischen Bereiche der Szene, d. h. die Bereiche im Bild, deren Bewegung lediglich durch die Eigenbewegung der Kamera hervorgerufen wird, beschrieben. Aufgrund der Beschränkung auf die statischen Bereiche konnten geometrische Beziehungen zwischen den unterschiedlichen Ansichten der Szene bei der Schätzung berücksichtigt werden. Diese Beziehungen ergeben sich aus der Epipolargeometrie zwischen zwei Ansichten einer Szene und schränken die Lage korrespondierender Punkte ein. Die Bestimmung der erforderlichen Epipolargeometrie basiert auf einem Verfahren zur visuellen Schätzung der Kameraeigenbewegung, welches ebenfalls in dieser Arbeit vorgestellt wurde.

Anhand von Experimenten konnte die Leistungsfähigkeit der beiden Teilsysteme hinsichtlich ihrer Genauigkeit und Effizienz basierend auf realen Daten evaluiert und bewertet werden.

Zur visuellen Schätzung der Kameraeigenbewegung wurde in Kapitel 4 ein Verfahren vorgestellt, welches auf der Auswertung von Punktkorrespondenzen zwischen unterschiedlichen Ansichten einer Szene beruht, die von einem bewegten Stereokamerasystem geliefert werden. Gegenüber Algorithmen aus der Literatur stellt das hergeleitete Verfahren keine besonderen Anforderungen an die Stereoanordnung. Insbesondere sind keine rektifizierten Kamerabilder für die Schätzung erforderlich, wie es bei den meisten in der Literatur beschriebenen Verfahren der Fall ist. Lediglich eine vollständige, d. h. intrinsische und extrinsische, Kalibrierung der beiden Kameras muss für jeden Zeitpunkt vorhanden sein. Eine konstante Kalibrierung ist jedoch nicht notwendig. Weiterhin ist es für die Korrespondenzsuche erforderlich, dass ein ausreichend großer Bereich der Szene in beiden Kamerabildern sichtbar ist.

Die Schätzung der Kamerabewegung erfolgt rekursiv anhand von Merkmalspunkten zwischen den unterschiedlichen Ansichten. Eine zeiteffiziente Schätzung konnte durch eine Vorauswahl der detektierten Merkmalskorrespondenzen erreicht werden. Hierfür wurde zunächst untersucht, wie sich die Lage der 3D-Szenenpunkte bei einer fehlerhaften Kamerapose auf den Rückprojektionsfehler im Bild auswirkt. Diese Analyse hat ergeben, dass für eine genaue Schätzung der translatorischen Bewegungskomponenten Merkmalspunkte verwendet werden müssen, deren korrespondierende 3D-Szenenpunkte im Nahbereich der Kamera liegen. Für eine genaue

Schätzung der rotatorischen Bewegungsparameter sind hingegen Szenenpunkte erforderlich, die möglichst weit von der Kamera entfernt sind.

Für typische innerstädtische Szenarien kann eine gleichmäßige Verteilung der Punkte entlang der optischen Achse der Kamera erreicht werden, indem das Bild in mehrere Rechtecke aufgeteilt wird. Aus jedem dieser Rechtecke wird eine maximale Anzahl Merkmalspunkte für die Bewegungsschätzung verwendet, woraus eine gleichmäßige Verteilung der korrespondierenden 3D-Szenenpunkte in Tiefenrichtung resultiert. Weiterhin kann durch die Aufteilung des Bildes ausgeschlossen werden, dass die Mehrheit der Merkmalspunkte auf unabhängig bewegten Objekten liegt und somit für die Eigenbewegungsschätzung ungeeignet ist.

Um fehlerhafte Punktkorrespondenzen sowie Merkmalspunkte auf unabhängig bewegten Objekten bei der Schätzung berücksichtigen zu können, wurde ein robustes Verfahren basierend auf einem RANSAC-Algorithmus entwickelt. Hierdurch ist es möglich, selbst in innerstädtischen Szenarien mit zahlreichen unabhängig bewegten Verkehrsteilnehmern eine genaue Schätzung aller Bewegungsparameter zu erreichen.

Basierend auf der geschätzten Kamerabewegung kann die Epipolargeometrie zwischen aufeinanderfolgenden Bildern bestimmt werden. Diese stellt die Grundlage für den in Kapitel 5 beschriebenen Algorithmus zur Schätzung nahezu dichter Bewegungsvektorfelder für die statischen Bereiche der Szene dar. Zur Schätzung kommt ein regionenbasiertes Verfahren zur Anwendung, sodass prinzipiell beliebig große Flussvektoren bestimmt werden können, solange die perspektivischen Verzerrungen der zu vergleichenden Bildblöcke gering sind. Erhebliche Verzerrungen der zu vergleichenden Blöcke treten beispielsweise dann auf, wenn sich die Pose der Kamera zwischen den Ansichten stark ändert. Ist dies der Fall, ist keine zuverlässige Schätzung des optischen Flusses mehr möglich.

Mit steigender Länge der zu schätzenden Bewegungsvektoren vergrößert sich jedoch der Suchbereich, was letztendlich zu einer Erhöhung des Aufwandes führt. Um dies zu vermeiden, werden nur diejenigen Kandidaten bei der Korrespondenzsuche berücksichtigt, die die Epipolarbedingung zwischen den Ansichten der Szene erfüllen. Die sich hierdurch ergebende Reduktion des zweidimensionalen Suchbereichs auf eine Linie führt jedoch immer noch zu zahlreichen Kandidaten, die bei der Bewegungsschätzung berücksichtigt werden müssen. Zudem kann anhand der Epipolargeometrie das Aperturproblem innerhalb nahezu homogener Bildbereiche nicht vollständig vermieden werden.

Eine weitere Reduktion der Kandidaten wurde durch die Berücksichtigung eines Modells zur Beschreibung der im Bild beobachtbaren Bewegung erreicht. Hierfür wurden initiale Merkmalskorrespondenzen verwendet, die an markanten Bildpunkten bestimmt werden konnten. Anhand dieser Merkmalskorrespondenzen wurde das Bild zunächst mittels Delaunay-Triangulation in einzelne Bewegungsbereiche aufgeteilt. Anschließend wurden die Modellparameter der einzelnen Bereiche anhand der Korrespondenzen an den Eckpunkten des jeweiligen Dreiecks bestimmt.

Hierdurch ist es möglich, ein dichtes Flussfeld zu bestimmen, welches die Bewegung der Bildpunkte zwischen aufeinanderfolgenden Ansichten anhand des zugrunde liegenden Bewegungsmodells beschreibt. Somit steht für nahezu jeden Punkt im Bild dessen erwartete Korrespondenz um Folgebild zur Verfügung. Weiterhin kann anhand der Unsicherheiten der initialen Merkmalskorrespondenzen an den Eckpunkten des Dreiecks die Unsicherheit des prädizierten Bildpunktes bestimmt werden. Die eigentliche Korrespondenzsuche erfolgt anschließend lediglich in einem kleinen Bereich um den prädizierten Bildpunkt, der sich anhand der erwarteten Lokalisierungsunsicherheit dieses Punktes sowie der Epipolargeometrie ergibt.

Zur Bestimmung des korrespondierenden Bildpunktes kommt eine Maximum-a-posteriori-Methode zur Anwendung, die neben der Ähnlichkeit zweier Bildblöcke zusätzlich die erwartete Position des Bildpunktes, basierend auf dem zugrunde liegenden Bewegungsmodell, berücksichtigt. Hierdurch kann eine sehr effiziente Schätzung des Bewegungsvektorfeldes erreicht werden. Die Berücksichtigung der a-priori-Information führt dazu, dass selbst in nahezu homogenen Bildbereichen, wie beispielsweise der Fahrbahnoberfläche, eine zuverlässige Schätzung des Bewegungsvektorfeldes ermöglicht wird. Weiterhin kann durch die Integration der Epipolargeometrie sowie des Bewegungsmodells eine genauere Schätzung erzielt werden, da nicht plausible Kandidaten, d. h. Punkte die beispielsweise zu weit von der Epipolarlinie entfernt sind, von der Schätzung ausgeschlossen werden.

Eine Bewertung der vorgestellten Algorithmen wurde in Kapitel 6 durchgeführt. Diese hat gezeigt, dass mit den Algorithmen sowohl eine zuverlässige Schätzung der Kameraeigenbewegung als auch eine zeiteffiziente Schätzung nahezu dichter Bewegungsvektorfelder möglich ist. Insbesondere bei der Schätzung dichter Bewegungsvektorfelder konnte neben einer deutlichen Reduktion der Rechenzeit eine erhebliche Verbesserung der Genauigkeit gegenüber zahlreichen Verfahren aus der Literatur erreicht werden.

Obwohl mit dem vorgestellten Verfahren gute Ergebnisse sowohl hinsichtlich der Genauigkeit als auch hinsichtlich der benötigten Rechenzeit erreicht werden können, sind trotzdem noch einige Verbesserungen vorstellbar:

- Die Integration der Epipolargeometrie in den Schätzprozess führt zu einer Reduktion der Rechenzeit sowie zu einer Steigerung der Genauigkeit, erlaubt jedoch nur die Schätzung des optischen Flusses für die statischen Bereiche der Szene. Der Algorithmus kann somit lediglich dafür verwendet werden, ein 3D-Modell der Umgebung zu erstellen, eine Detektion unabhängig bewegter Objekte ist derzeit nicht möglich. Prinzipiell kann jedoch jede starre Bewegung durch die Epipolargeometrie beschrieben werden. Für typische Szenarien mit mehreren unabhängig aber starr bewegten Objekten resultieren daraus unterschiedliche Epipolargeometrien. Sind diese im Voraus bekannt, ist eine Integration in den Schätzprozess denkbar, sodass auch starr bewegte Objekte bei der Flussschätzung berücksichtigt werden können.

- Das in dieser Arbeit zugrunde liegende Modell für die Verschiebung von Bildpunkten zwischen zeitlich aufeinanderfolgenden Ansichten der Szene ist nicht dazu geeignet, beliebige Bewegungen zu repräsentieren, sodass die Approximation der Bewegung durch eine affine Transformation lediglich bei kleinen Änderungen der Kamerapose gilt. Eine Erweiterung des zugrunde liegenden Bewegungsmodells ist denkbar, um eine bessere Beschreibung der Bewegung einzelner Punkte zwischen zwei Bildern zu ermöglichen.

- Aufgrund der Bewegung der Kamera treten insbesondere im Nahbereich starke perspektivische Verzerrungen der zu vergleichenden Bildblöcke auf, die eine zuverlässige Korrespondenzsuche erschweren. Um dieses Problem zu umgehen, sind Merkmalsdeskriptoren erforderlich, die invariant gegenüber solchen Verzerrungen sind und somit einen zuverlässigeren Vergleich unterschiedlicher Blöcke erlauben.

A Anhang

A.1 Projektiver Raum

Innerhalb des projektiven Raumes können Koordinatentransformationen mathematisch elegant mithilfe homogener Koordinaten formuliert werden. Hierbei werden Punkte $\mathbf{x} = (x_1, x_2, \ldots, x_n)^\mathsf{T}$ aus dem n-dimensionalen euklidischen Raum $\mathbb{R}^n$ durch einen $(n + 1)$-dimensionalen Vektor im projektiven Raum $\mathbb{P}^n$ repräsentiert. Der letzte Eintrag dient als Skalierungsfaktor, sodass nur noch die Richtung des Vektors, nicht jedoch dessen Länge, von Bedeutung ist [Sch05]. D. h. alle Punkte

$$\mathbf{x} = (\lambda x_1, \lambda x_2, \ldots, \lambda x_n, \lambda)^\mathsf{T} \tag{A.1}$$

beschreiben für jedes beliebige $\lambda \neq 0$ den selben Punkt. Weiterhin gilt für zwei Punkte $\mathbf{x}$ und $\mathbf{y}$ in homogenen Koordinaten, dass sie identisch sind, wenn

$$\mathbf{x} \cong \mathbf{y} \iff \exists \lambda \neq 0 : \mathbf{x} = \lambda \mathbf{y} \tag{A.2}$$

gilt [FL04]. Die Identität bis auf die Skale wird durch den Operator $\cong$ gekennzeichnet. Umgekehrt kann aus einem Punkt im $\mathbb{P}^n$ dessen Darstellung im $\mathbb{R}^n$ berechnet werden, indem der Vektor auf den letzten Eintrag normiert wird [Sch05]:

$$\mathbf{x} = (x_1, x_2, \ldots, x_n, x_{n+1})^\mathsf{T} \implies \mathbf{x} = \left(\frac{x_1}{x_{n+1}}, \frac{x_2}{x_{n+1}}, \ldots, \frac{x_n}{x_{n+1}} \right)^\mathsf{T} \tag{A.3}$$

In homogenen Koordinaten können Koordinatentransformationen mithilfe einer einzigen Transformationsmatrix dargestellt werden. Die Verkettung unterschiedlicher Koordinatentransformationen ergibt sich durch Multiplikation der einzelnen Transformationsmatrizen.

A.2 Repräsentation von Rotationen

Zur Darstellung von Rotationen des Koordinatensystems stehen unterschiedliche Methoden zur Verfügung. Neben der in [Lee09] beschriebenen Repräsentation von Rotationen mittels Quaternionen werden Drehungen üblicherweise durch Rotationsmatrizen dargestellt, wie es in dieser Arbeit der Fall ist.

Für den dreidimensionalen Raum sind Rotationsmatrizen durch $\mathbf{R} \in \mathbb{R}^{3\times 3}$ definiert. Ist ein Punkt $\mathbf{X}$ im Ausgangskoordinatensystem gegeben, ergibt sich dessen Position $\mathbf{Y}$ im gedrehten Koordinatensystem durch einfache Matrixmultiplikation gemäß $\mathbf{Y} = \mathbf{R} \cdot \mathbf{X}$.

Abhängig von der Drehachse ergeben sich die Rotationsmatrizen wie folgt:

- Rotation um die X-Achse um den Winkel Φ:

$$\mathbf{R}_X\left(\Phi\right) = \begin{bmatrix} 1 & 0 & 0 \\ 0 & \cos\Phi & \sin\Phi \\ 0 & -\sin\Phi & \cos\Phi \end{bmatrix} \tag{A.4}$$

- Rotation um die Y-Achse um den Winkel Ψ:

$$\mathbf{R}_Y\left(\Psi\right) = \begin{bmatrix} \cos\Psi & 0 & -\sin\Psi \\ 0 & 1 & 0 \\ \sin\Psi & 0 & \cos\Psi \end{bmatrix} \tag{A.5}$$

- Rotation um die Z-Achse um den Winkel Θ:

$$\mathbf{R}_Z\left(\Theta\right) = \begin{bmatrix} \cos\Theta & \sin\Theta & 0 \\ -\sin\Theta & \cos\Theta & 0 \\ 0 & 0 & 1 \end{bmatrix} \tag{A.6}$$

Drehungen um mehrere Achsen können durch Verkettung der Einzeldrehungen repräsentiert werden. Hierbei spielt jedoch die Reihenfolge eine entscheidende Rolle. In dieser Arbeit wird die Reihenfolge der Drehungen wie folgt festgelegt:

$$\mathbf{R}\left(\Phi, \Psi, \Theta\right) = \mathbf{R}_Z\left(\Theta\right) \cdot \mathbf{R}_X\left(\Phi\right) \cdot \mathbf{R}_Y\left(\Psi\right) \tag{A.7}$$

A.3 Berechnung der Jacobi-Matrix

Häufig müssen nichtlineare Zusammenhänge an einem bestimmten Punkt linearisiert werden. Im eindimensionalen Fall geschieht dies durch Berechnung der Ableitung des nichtlinearen Zusammenhangs.

Soll eine mehrdimensionale Funktion $f : \mathbb{R}^N \mapsto \mathbb{R}^M$ approximiert werden, geschieht dies durch die sogenannte Jacobi-Matrix [Bro96]:

$$J_{f,\mathbf{x}} = \frac{\partial f\left(\mathbf{x}\right)}{\partial \mathbf{x}} = \begin{bmatrix} \frac{\partial f_1(\mathbf{x})}{\partial x_1} & \cdots & \frac{\partial f_1(\mathbf{x})}{\partial x_N} \\ \vdots & \ddots & \vdots \\ \frac{\partial f_M(\mathbf{x})}{\partial x_1} & \cdots & \frac{\partial f_M(\mathbf{x})}{\partial x_N} \end{bmatrix} \tag{A.8}$$

Die Auswertung der Jacobi-Matrix einer Funktion $f(\mathbf{x})$ an einem vorgegebenen Arbeitspunkt $\mathbf{x}_0$ wird in dieser Arbeit wie folgt dargestellt:

$$\left. J_{f,\mathbf{x}} \right|_{\mathbf{x}_0} = \left. \frac{\partial f(\mathbf{x})}{\partial \mathbf{x}} \right|_{\mathbf{x}_0} \tag{A.9}$$

A.4 Dynamische Zustandsschätzung

Bei zahlreichen Anwendungen soll ein zeitlich veränderlicher Systemzustand $\mathbf{s}_k$ zu diskreten Zeitpunkten k bestimmt werden. Häufig ist der Zustand jedoch nicht direkt beobachtbar, sodass dieser aus einer Menge unsicherheitsbehafteter oder unvollständiger Beobachtungen $\mathbf{z}_{1:k} = \{\mathbf{z}_1, \mathbf{z}_2, \dots, \mathbf{z}_k\}$ geschätzt werden muss.

Eine allgemeine Formulierung dieses Schätzproblems kann mithilfe statistischer Bayes-Filter erfolgen. Hierbei wird der zu schätzende Systemzustand als Zufallsvariable modelliert, die durch ihre a-posteriori-Wahrscheinlichkeitsdichtefunktion $p(\mathbf{s}_k|\mathbf{z}_{1:k})$ repräsentiert wird. Anhand dieser können unterschiedliche Schätzwerte, die je nach verwendetem Gütemaß optimal sind, definiert werden. Beispiele solcher Schätzwerte sind der Erwartungswert oder das Maximum der Wahrscheinlichkeitsdichtefunktion. Weiterhin ist basierend auf dieser Modellierung eine Aussage über die Unsicherheit des Schätzwertes möglich [AMGC02, Stü04].

Im Allgemeinen steigt der Aufwand zur Berechnung der a-posteriori-Wahrscheinlichkeitsdichte aufgrund der steigenden Anzahl zu berücksichtigender Beobachtungen exponentiell mit der Zeit an [FHL$^+$03]. Deshalb spielen in der Praxis vor allem rekursive Verfahren zur Schätzung der Wahrscheinlichkeitsdichte eine wichtige Rolle, bei denen die Beobachtungen sequenziell verarbeitet werden.

Eine im Bayes'schen Sinne optimale Schätzung der a-posteriori-Wahrscheinlichkeitsdichtefunktion basierend auf allen bisherigen Beobachtungen kann mithilfe rekursiver Bayes-Filter erfolgen. Hierbei wird eine vorhandene Schätzung der Wahrscheinlichkeitsdichtefunktion verbessert, sobald neue Beobachtungen $\mathbf{z}_k$ zur Verfügung stehen. Aufgrund der sequenziellen Verarbeitung der Messwerte werden die vorherigen Beobachtungen für die Verbesserung der Wahrscheinlichkeitsdichte nicht benötigt, sodass eine effiziente Schätzung erfolgen kann.

Um ein rekursives Verfahren zur Schätzung der a-posteriori-Wahrscheinlichkeitsdichtefunktion $p(\mathbf{s}_k|\mathbf{z}_{1:k})$ basierend auf den aktuellen Beobachtungen $\mathbf{z}_k$ herleiten zu können, wird diese zunächst basierend auf dem Satz von Bayes gemäß

$$p(\mathbf{s}_k|\mathbf{z}_{1:k}) = \frac{p(\mathbf{z}_{1:k}|\mathbf{s}_k) \cdot p(\mathbf{s}_k)}{p(\mathbf{z}_{1:k})} = \frac{p(\mathbf{z}_k, \mathbf{z}_{1:k-1}|\mathbf{s}_k) \cdot p(\mathbf{s}_k)}{p(\mathbf{z}_k, \mathbf{z}_{1:k-1})} \tag{A.10}$$

umgeformt. Durch weiteres Umformen der bedingten Wahrscheinlichkeiten und erneutes Anwenden des Satzes von Bayes ergibt sich hieraus der Zusammenhang

$$p\left(\mathbf{s}_k|\mathbf{z}_{1:k}\right) = \frac{p\left(\mathbf{z}_k|\mathbf{z}_{1:k-1},\mathbf{s}_k\right) \cdot p\left(\mathbf{s}_k|\mathbf{z}_{1:k-1}\right)}{p\left(\mathbf{z}_k|\mathbf{z}_{1:k-1}\right)}. \tag{A.11}$$

Für die weitere Herleitung wird angenommen, dass das betrachtete System die sogenannte Markov-Eigenschaft erfüllt. Ist dies der Fall, beschreibt der aktuelle Zustand die gesamte Vergangenheit des Systems. Die Kenntnis des Zustandes $\mathbf{s}_k$ zum Zeitpunkt k reicht dementsprechend aus, um die erwarteten Beobachtungen $\mathbf{z}_k$ prädizieren zu können [TBF05]. Somit gilt $p\left(\mathbf{z}_k|\mathbf{z}_{1:k-1},\mathbf{s}_k\right) = p\left(\mathbf{z}_k|\mathbf{s}_k\right)$ und Gleichung A.11 vereinfacht sich zu:

$$p\left(\mathbf{s}_k|\mathbf{z}_{1:k}\right) = \frac{p\left(\mathbf{z}_k|\mathbf{s}_k\right) \cdot p\left(\mathbf{s}_k|\mathbf{z}_{1:k-1}\right)}{p\left(\mathbf{z}_k|\mathbf{z}_{1:k-1}\right)} \tag{A.12}$$

Hierin beschreibt $p\left(\mathbf{s}_k|\mathbf{z}_{1:k-1}\right)$ die Änderung des Zustandes aufgrund der dynamischen Eigenschaften des Systems. Dieser Term kann basierend auf der Chapman-Kolmogorov-Gleichung gemäß

$$p\left(\mathbf{s}_k|\mathbf{z}_{1:k-1}\right) = \int p\left(\mathbf{s}_k|\mathbf{s}_{k-1}\right) \cdot p\left(\mathbf{s}_{k-1}|\mathbf{z}_{1:k-1}\right)d\mathbf{s}_{k-1} \tag{A.13}$$

umgeformt werden. Bei dieser Umformung wurde erneut vorausgesetzt, dass das System einen Markov-Prozess erster Ordnung beschreibt und der aktuelle Zustand $\mathbf{s}_k$ lediglich vom vorherigen Zustand abhängig ist [AMGC02]. Hieraus ergibt sich die Gleichung des rekursiven Bayes-Filters zu

$$p\left(\mathbf{s}_k|\mathbf{z}_{1:k}\right) = C \cdot \underbrace{p\left(\mathbf{z}_k|\mathbf{s}_k\right)}_{h(\mathbf{s}_k)} \cdot \int \underbrace{p\left(\mathbf{s}_k|\mathbf{s}_{k-1}\right)}_{g(\mathbf{s}_{k-1})} \cdot \underbrace{p\left(\mathbf{s}_{k-1}|\mathbf{z}_{1:k-1}\right)}_{\mathbf{s}_{k-1}}d\mathbf{s}_{k-1}, \tag{A.14}$$

wobei die Normalisierungskonstante C als Evidenz bezeichnet wird und garantiert, dass $\int p\left(\mathbf{s}_k|\mathbf{z}_{1:k}\right)d\mathbf{s}_k = 1$ gilt.

Gleichung A.14 stellt eine allgemeine Form zur rekursiven Schätzung des Systemzustandes basierend auf einer Menge an Beobachtungen dar. Für die Anwendung des rekursiven Bayes-Filters auf ein konkretes Problem müssen jedoch noch weitere Zusammenhänge definiert werden.

Zum einen ist es nötig, die Dynamik des betrachteten Systems zu beschreiben. Diese definiert die Änderung des Systemzustandes mit der Zeit und wird durch das Systemmodell $g\left(\cdot\right)$ beschrieben. Zum anderen ist es erforderlich, einen Zusammenhang zwischen dem aktuellen Systemzustand und den sich daraus ergebenden

Beobachtungen zu definieren. Dies geschieht anhand des sogenannten Mess- oder Beobachtungsmodells $h\left(\cdot\right)$ [GA08].

Sind die genannten Zusammenhänge bekannt, kann die Berechnung der a-posteriori-Wahrscheinlichkeitsdichte anhand von Gleichung A.14 in einem zweistufigen Prozess erfolgen. Das Integral kann ausgewertet werden, wenn eine Schätzung des vorhergehenden Systemzustandes $\widehat{s}_{k-1}$ sowie die Systemdynamik bekannt sind. Dieser Schritt wird als Prädiktion bezeichnet und vergrößert die Unsicherheit des geschätzten Zustandes aufgrund der Unsicherheiten in der Systemdynamik. Sobald eine neue Messung zur Verfügung steht, kann die prädizierte Wahrscheinlichkeitsdichtefunktion basierend auf dem Messmodell und den neuen Beobachtungen durch die sogenannte Innovation aktualisiert werden. Die Unsicherheit des geschätzten Zustandes reduziert sich in diesem Fall aufgrund der zusätzlichen Informationen, die durch die neue Messung zur Verfügung stehen [AMGC02].

Für beliebig parametrierte Wahrscheinlichkeitsdichtefunktionen kann Gleichung A.14 im Allgemeinen nicht analytisch gelöst werden. Werden jedoch einschränkende Annahmen hinsichtlich der Wahrscheinlichkeitsdichten getroffen, ist oft eine geschlossene Berechnung des optimalen Schätzwertes möglich (vgl. [AMGC02, TBF05]). Im Folgenden sollen unterschiedliche Bayes'sche Filter kurz beschrieben werden, bei denen die Wahrscheinlichkeitsdichtefunktion als unimodale, multivariate Gauß-Verteilung repräsentiert wird.

- **Kalman-Filter:** Das Kalman-Filter (KF) (vgl. [Kal60]) stellt eine effiziente Implementierung eines rekursiven Bayes'schen Schätzalgorithmus dar. Vorausgesetzt wird hierbei, dass ein linearer Zusammenhang sowohl zwischen aufeinanderfolgenden Zuständen als auch zwischen dem aktuellen Systemzustand und den Beobachtungen besteht. Sind diese Voraussetzungen erfüllt, liefert das Kalman-Filter die beste lineare Lösung des in Gleichung A.14 definierten Schätzproblems (vgl. [TBF05, Sim06]).

- **Erweitertes Kalman-Filter:** Das erweiterte Kalman-Filter (EKF) (vgl. [EW99]) stellt eine Erweiterung des linearen Kalman-Filters für nichtlineare Systeme dar. Die nichtlinearen Zusammenhänge zwischen aufeinanderfolgenden Systemzuständen sowie zwischen dem aktuellen Systemzustand und den erwarteten Beobachtungen werden beim erweiterten Kalman-Filter mithilfe einer Taylor-Approximation um den momentanen Arbeitspunkt linearisiert. Aufgrund der hierdurch entstehenden Abweichungen zwischen realem und linearisiertem Modell liefert das erweiterte Kalman-Filter jedoch keine optimale Schätzung des Systemzustandes.

- **Unscented Kalman-Filter:** Eine weitere Möglichkeit zur Berücksichtigung von Nichtlinearitäten in der Modellierung stellt das in [JU97] beschriebene Unscented Kalman-Filter (UKF) dar. Im Gegensatz zum erweiterten Kalman-Filter, bei dem die Wahrscheinlichkeitsdichten anhand der linearisierten Funktionen propagiert werden, erfolgt die Schätzung beim Unscented Kalman-Filter basierend auf einer Menge von Sigma-Punkten, die die Wahrscheinlichkeitsdichte repräsentieren. Diese werden anhand der nichtlinearen Zusammenhänge propagiert, wodurch Linearisierungseffekte reduziert werden können. Anschließend wird anhand der transformierten Sigma-Punkte die resultierende Wahrscheinlichkeitsdichte bestimmt [Mer04].

Die beim erweiterten Kalman-Filter sowie beim Unscented Kalman-Filter auftretenden Linearisierungsfehler können durch Verwendung iterativer Verfahren reduziert werden. Insbesondere bei hochgradig nichtlinearen Systemen können hierdurch deutlich bessere Schätzergebnisse erzielt werden [SSM06]. In [TK06] wird das Iterative Erweiterte Kalman-Filter (IEKF) als Erweiterung des EKFs vorgestellt. [SSM06] beschreibt das Iterated Sigma-Point Kalman-Filter (ISPKF), welches eine Erweiterung des UKFs darstellt.

A.5   Darstellung dichter Flussfelder

Zur Darstellung dichter Bewegungsvektorfelder wird in dieser Arbeit eine farbbasierte Codierung verwendet. Die Richtung des optischen Flusses an einem Bildpunkt wird hierbei durch die Farbe des jeweiligen Bildpunktes repräsentiert. Die Sättigung eines Bildpunktes beschreibt die Länge des korrespondierenden Bewegungsvektors. Der verwendete Farbkreis ist in Abbildung A.1 dargestellt.

Abbildung A.1: Farbkreis zur Codierung des optischen Flusses.

Literaturverzeichnis

[AK07]   AGRAWAL, Motilal ; KONOLIGE, Kurt: Rough Terrain Visual Odometry. In: *Proceedings of the IEEE International Conference on Advanced Robotics*. Jeju Island, South Korea, August 2007

[AKB08]   AGRAWAL, Motilal ; KONOLIGE, Kurt ; BLAS, Morton R.: CenSurE: Center Surround Extremas for Realtime Feature Detection and Matching. In: *Proceedings of the European Conference on Computer Vision*. Marseille, France, October 2008, S. 102 – 115

[AMGC02]   ARULAMPALAM, M. S. ; MASKELL, Simon ; GORDON, Neil ; CLAPP, Tim: A Tutorial on Particle Filters for Online Nonlinear/Non-Gaussian Bayesian Tracking. In: *IEEE Transactions on Signal Processing* 50 (2002), February, Nr. 2, S. 174 – 188

[AOV12]   ALAHI, Alexandre ; ORTIZ, Raphael ; VANDERGHEYNST, Pierre: FREAK: Fast Retina Keypoint. In: *Proceedings of the IEEE International Conference on Computer Vision*. Providence, RI, USA, June 2012, S. 510 – 517

[AWS00]   ALVAREZ, Luis ; WEICKERT, Joachim ; SÁNCHEZ, Javier: Reliable Estimation of Dense Optical Flow Fields with Large Displacements. In: *International Journal of Computer Vision* 39 (2000), August, Nr. 1, S. 41 – 56

[BA83]   BURT, Peter J. ; ADELSON, Edward H.: The Laplacian Pyramid as a Compact Image Code. In: *IEEE Transactions on Communications* 31 (1983), April, Nr. 4, S. 532 – 540

[Bad04]   BADINO, Hernán: A Robust Approach for Ego-Motion Estimation Using a Mobile Stereo Platform. In: *Proceedings of the International Workshop on Complex Motion*. Günzburg, Germany, October 2004, S. 198 – 208

[Bar10]   BARROIS, Björn: *Analyse der Position, Orientierung und Bewegung von rigiden und artikulierten Objekten aus Stereobildsequenzen*. Bielefeld, Germany, Universität Bielefeld, Diss., 2010

[BBA11]   BAK, Adrien ; BOUCHAFA, Samia ; AUBERT, Didier: Dynamic objects detection through visual odometry and stereo-vision: a study of inaccuracy and improvement sources. In: *Machine Vision and Applications* (2011), S. 1 – 17

[BBM09]   BROX, Thomas ; BREGLER, Christoph ; MALIK, Jitendra: Large Displacement Optical Flow. In: *Proceedings of the IEEE Computer Society Conference on Computer Vision and Pattern Recognition*. Miami, FL, USA, June 2009, S. 41 – 48

[BBPW04]   BROX, Thomas ; BRUHN, Andrés ; PAPENBERG, Nils ; WEICKERT, Joachim: High Accuracy Optical Flow Estimation Based on a Theory for Warping. In: *Proceedings of the European Conference on Computer Vision*. Prague, Czech Republic, May 2004, S. 25 – 36

[BCKO08]   BERG, Mark de ; CHEONG, Otfried ; KREVELD, Marc von ; OVERMARS, Mark: *Computational Geometry: Algorithms and Applications*. Springer, 2008

[BDW06]   BAILEY, Tim ; DURANT-WHYTE, Hugh: Simultaneous Localization and Mapping (SLAM): Part II. In: *IEEE Robotics and Automation Magazine* (2006), September, S. 108 – 117

[BETG08]   BAY, Herbert ; ESS, Andreas ; TUYTELAARS, Tinne ; GOOL, Luc V.: SURF: Speeded Up Robust Features. In: *Computer Vision and Image Understanding* 110 (2008), Nr. 3, S. 346 – 359

[BFB94]   BARRON, J. L. ; FLEET, D. J. ; BEAUCHEMIN, S. S.: Performance of Optical Flow Techniques. In: *International Journal of Computer Vision* Bd. 12, 194, S. 43 – 77

[Bis06]   BISHOP, Christopher M.: *Pattern Recognition and Machine Learning*. Springer, 2006

[Bla92]   BLACK, Michael J.: *Robust Incremental Optical Flow*. New Haven, CT, USA, Yale University, Diss., 1992

[BM11]   BROX, Thomas ; MALIK, Jitendra: Large Displacement Optical Flow: Descriptor Matching in Variational Motion Estimation. In: *IEEE Transactions on Pattern Analysis and Machine Intelligence* 33 (2011), March, Nr. 3, S. 500 – 513

[Bos03]   BOSCH, Robert: *Kraftfahrtechnisches Taschenbuch*. 25. Auflage. Vieweg, 2003

[Bro96]   BRONŠTEJN, Il'ja N.: *Teubner – Taschenbuch der Mathematik*. Teubner, 1996

[Bru06]   BRUHN, Andrés: *Variationelle Optische Flussberechnung – Präzise Modellierung und effiziente Numerik*. Saarbrücken, Germany, Universität des Saarlandes, Diss., 2006

[BSL$^+$11] BAKER, Simon ; SCHARSTEIN, Daniel ; LEWIS, J. P. ; ROTH, Stefan ; BLACK, Michael J. ; SZELISKI, Richard: A Database and Evaluation Methodology for Optical Flow. In: *International Journal of Computer Vision* 92 (2011), March, Nr. 1, S. 1 – 31

[BWS02]   BRUHN, Andrés ; WEICKERT, Joachim ; SCHNÖRR, Christoph: Combining the Advantages of Local and Global Optic Flow Methods. In: GOOL, Luc van (Hrsg.): *DAGM-Symposium* Bd. 2449. Zürich, Switzerland, 2002, S. 454 – 462

[Cam94]   CAMUS, Theodore A.: *Real-Time Optical Flow*. Providence, RI, USA, Brown University, Diss., 1994

[CCC03]   CHEN, Jiun-Hung ; CHEN, Chu-Song ; CHEN, Yong-Sheng: Fast Algorithm for Robust Template Matching With M-Estimators. In: *IEEE Transactions on Signal Processing* 51 (2003), January, Nr. 1, S. 230 – 243

[CGDM09] CIVERA, Javier ; GRASA, Oscar G. ; DAVISON, Andrew J. ; MONTIEL, J. M. M.: 1-Point RANSAC for EKF-Based Structure from Motion. In: *Proceedings of the IEEE/RSJ International Conference on Intelligent Robots and Systems*. St. Louis, MO, USA, October 2009, S. 3498 – 3504

[CHF01]   CHEN, Yong-Sheng ; HUNG, Yi-Ping ; FUH, Chiou-Shann: Fast Block Matching Algorithm Based on the Winner-Update Strategy. In: *IEEE Transactions on Image Processing* 10 (2001), August, Nr. 8, S. 1212 – 1222

[CJYC11]   CHOI, Sunglok ; JOUNG, Ji H. ; YU, Wonpil ; CHO, Jae-Il: What Does Ground Tell Us? Monocular Visual Odometry under Planar Motion Constraint. In: *Proceedings of the International Conference on Control, Automation and Systems*. Kintex, Gyeonggi-do, Korea, October 2011, S. 1480 – 1485

[CLSF10]   CALONDER, Michael ; LEPETIT, Vincent ; STRECHA, Christopf ; FUA, Pascal: BRIEF: Binary Robust Independent Elementary Features. In: *Proceedings of the European Conference on Computer Vision.* Heraklion, Crete, Greece, September 2010, S. 778 – 792

[CMM06]   CHENG, Yang ; MAIMONE, Mark ; MATTHIES, Larry H.: Visual Odometry on the Mars Exploration Rovers. In: *IEEE Robotics and Automation Magazine* (2006), June, S. 54 – 62

[CP02]   CHEUNG, Chun-Ho ; PO, Lai-Man: A Novel Cross-Diamond Search Algorithm for Fast Block Motion Estimation. In: *IEEE Transactions on Circuits and Systems for Video Technology* 12 (2002), December, Nr. 12, S. 1168 – 1177

[CP11]   CHAMBOLLE, Antonin ; POCK, Thomas: A First-Order Primal-Dual Algorithm for Convex Problems with Applications to Imaging. In: *Journal of Mathematical Imaging and Vision* 40 (2011), May, Nr. 1, S. 120 – 145

[CSNP05]   CAMPBELL, Jason ; SUKTHANKAR, Rahul ; NOURBAKHSH, Illah ; PAHWA, Aroon: A Robust Visual Odometry and Precipice Detection System Using Consumer-grade Monocular Vision. In: *Proceedings of the IEEE International Conference on Robotics and Automation.* Barcelona, Spain, April 2005, S. 3421 – 3427

[DHS09]   DANG, Thao ; HOFFMANN, Christian ; STILLER, Christoph: Continuous Stereo Self-Calibration by Camera Parameter Tracking. In: *IEEE Transactions on Image Processing* 18 (2009), July, Nr. 7, S. 1536 – 1550

[DSTT00]   DELLAERT, Frank ; SEITZ, Steven M. ; THORPE, Charles E. ; THRUN, Sebastian: Structure from Motion without Correspondence. In: *Proceedings of the IEEE Computer Society Conference on Computer Vision and Pattern Recognition.* Hilton Head, SC, USA, June 2000, S. 557 – 564

[DWB06]   DURANT-WHYTE, Hugh ; BAILEY, Tim: Simultaneous Localization and Mapping: Part I. In: *IEEE Robotics and Automation Magazine* (2006), June, S. 99 – 108

[EW99]   EINICKE, Garry A. ; WHITE, Langford B.: Robust Extended Kalman Filtering. In: *IEEE Transactions on Signal Processing* 47 (1999), September, Nr. 9, S. 2596 – 2599

[Fal97]   FALKENHAGEN, Lutz: Block-based Depth Estimation from Image Trip-
           les with Unrestricted Camera Setup. In: *Proceedings of the IEEE In-
           ternational Workshop on Multimedia Signal Processing*. Princeton,
           NJ, USA, June 1997, S. 280 – 285

[FB81]   FISCHLER, Martin A. ; BOLLES, Robert C.: Random Sample Consen-
           sus: A Paradigm for Model Fitting with Applications to Image Analy-
           sis and Automated Cartography. In: *Communications of the ACM* 24
           (1981), June, Nr. 6, S. 381 – 395

[FG10]   FERRER, J. ; GARCIA, R.: Bias reduction for stereo triangulation. In:
           Electronics Letters 46 (2010), December, Nr. 25, S. 1665 – 1666

[FHL+03]   FOX, Dieter ; HIGHTOWER, Jeffrey ; LIAO, Lin ; SCHULZ, Dirk ; BOR-
           RELIO, Gaetano: Bayesian Filtering for Location Estimation. In: *IEEE
           Pervasive Computing* 2 (2003), July, S. 24 – 33

[FL04]   FAUGERAS, Olivier ; LUONG, Quang-Tuan: *The Geometry of Multiple
           Images: The Laws That Govern the Formation of Multiple Images of
           a Scene and Some of Their Applications*. The MIT Press, 2004

[FS12]   FRAUNDORFER, Friedrich ; SCARAMUZZA, Davide: Visual Odometry
           Part II: Matching, Robustness, Optimization, and Applications. In:
           IEEE Robotics and Automation Magazine (2012), June, S. 78 – 90

[GA08]   GREWAL, Mohinder S. ; ANDREWS, Angus P.: *Kalman Filtering Theo-
           ry and Practice Using MATLAB*. Wiley, 2008

[GEW06]   GEURTS, Pierre ; ERNST, Damien ; WEHENKEL, Louis: Extremely Ran-
           domized Trees. In: *Machine Learning* 36 (2006), Nr. 1, S. 3 – 42

[GHN+10]   GLOCKER, Ben ; HEIBEL, Tim H. ; NAVAB, Nassir ; KOHLI, Pushmeet
           ; ROTHER, Carsten: TriangleFlow: Optical Flow with Triangulation-
           based Higher-Order Likelihoods. In: *Proceedings of the European
           Conference on Computer Vision*. Heraklion, Crete, Greece, Septem-
           ber 2010, S. 272 – 285

[GHT11]   GAUGLITZ, Steffen ; HÖLLERER, Tobias ; TURK, Matthew: Evalua-
           tion of Interest Point Detectors and Feature Descriptors for Visual
           Tracking. In: *International Journal of Computer Vision* 94 (2011),
           September, Nr. 3, S. 335 – 360

[GLM⁺12]   GEIGER, Andreas ; LAUER, Martin ; MOOSMANN, Frank ; RANFT, Benjamin ; RAPP, Holger ; STILLER, Christoph ; ZIEGLER, Julius: Team AnnyWAY's entry to the Grand Cooperative Driving Challenge 2011. In: *IEEE Transactions on Intelligent Transportation Systems* 13 (2012), September, Nr. 3, S. 1008 – 1017

[GLU12]   GEIGER, Andreas ; LENZ, Philip ; URTASUN, Raquel: Are we ready for Autonomous Driving? The KITTI Vision Benchmark Suite. In: *Proceedings of the IEEE Computer Society Conference on Computer Vision and Pattern Recognition*. Providence, RI, USA, June 2012

[GMN⁺98]   GALVIN, B. ; MCCANE, B. ; NOVINS, K. ; MASON, D. ; MILLS, S.: Recovering Motion Fields: An Evaluation of Eight Optical Flow Algorithms. In: *Proceedings of the British Machine Vision Conference*. Southampton, England, September 1998, S. 195 – 204

[GRU10]   GEIGER, Andreas ; ROSER, Martin ; URTASUN, Raquel: Efficient Large-Scale Stereo Matching. In: *Proceedings of the Asian Conference on Computer Vision*. Queenstown, New Zealand, November 2010, S. 25 – 38

[GZS11]   GEIGER, Andreas ; ZIEGLER, Julius ; STILLER, Christoph: StereoScan: Dense 3d Reconstruction in Real-Time. In: *Proceedings of the IEEE Intelligent Vehicles Symposium*. Baden-Baden, Germany, June 2011, S. 963 – 968

[HABR11]   HANSEN, Peter ; ALISMAIL, Hatem ; BROWNING, Brett ; RANDER, Peter: Stereo Visual Odometry for Pipe Mapping. In: *Proceedings of the IEEE/RSJ International Conference on Intelligent Robots and Systems*. San Francisco, CA, USA, September 2011, S. 4020 – 4025

[Har97]   HARTLEY, Richard I.: In Defense of the Eight-Point Algorithm. In: *IEEE Transactions on Pattern Analysis and Machine Intelligence* 19 (1997), June, Nr. 6, S. 580 – 593

[Hau10]   HAUG, Florian: *Ansichtsbasierte 6DoF Objekterkennung mit lokalen kovarianten Regionen*. Heidelberg, Germany, Ruprecht-Karls-Universität Heidelberg, Diss., Dezember 2010

[HCC⁺04]   HELMICK, Daniel M. ; CHENG, Yang ; CLOUSE, Daniel S. ; MATTHIES, Larry H. ; ROUMELIOTIS, Stergios I.: Path Following using Visual Odometry for a Mars Rover in High-Slip Environments. In: *Proceedings of the IEEE Aerospace Conference*. Big Sky, MT, USA, March 2004, S. 772 – 789

[Hei02] HEINRICH, Stefan: Real Time Fusion of Motion and Stereo Using Flow/Depth Constraint for Fast Obstacle Detection. In: *DAGM-Symposium.* Zürich, Switzerland, September 2002, S. 75 – 82

[Hor86] HORN, Berthold Klaus P.: *Robot Vision.* The MIT Press, 1986

[Hor87] HORN, Berthold Klaus P.: Closed-form solution of absolute orientation using unit quaternions. In: *Journal of the Optical Society of America* 4 (1987), April, S. 629 – 642

[How08] HOWARD, Andrew: Real-Time Stereo Visual Odometry for Autonomous Ground Vehicles. In: *Proceedings of the IEEE/RSJ International Conference on Intelligent Robots and Systems.* Nice, France, September 2008, S. 3946 – 3952

[HS81] HORN, Berthold Klaus P. ; SCHUNCK, Brian G.: Determining Optical Flow. In: *Artificial Intelligence* Bd. 17, 1981, S. 185 – 203

[HS88] HARRIS, Chris ; STEPHENS, Mike: A Combined Corner And Edge Detektor. In: *Proceedings of the Alvey Vision Conference.* Manchester, UK, 1988, S. 147 – 151

[HZ08] HARTLEY, Richard ; ZISSERMAN, Andrew: *Multiple View Geometry in computer vision.* Cambridge University Press, 2008

[Jäh05] JÄHNE, Bernd: *Digitale Bildverarbeitung.* 6. Auflage. Springer, 2005

[JC04] JING, Xuan ; CHAU, Lap-Pui: An Efficient Three-Step Search Algorithm for Block Motion Estimation. In: *IEEE Transactions on Multimedia* 6 (2004), June, Nr. 3, S. 435 – 438

[JPF$^+$09] JEON, Gwanggil ; PARK, Sang-Jun ; FANG, Yong ; ANISETTI, Marco ; BELLANDI, Valerio ; DAMIANI, Ernesto ; JEONG, Jechang: Specification of efficient block-matching scheme for motion estimation in video compression. In: *Optical Engineering* 48 (2009), December, Nr. 12, S. 1 – 13

[JU97] JULIER, Simon J. ; UHLMANN, Jeffrey K.: A New Extension of the Kalman Filter to Nonlinear Systems. In: *Proceedings of the International Symposium on Aerospace/Defense Sensing, Simulation and Controls.* Orlando, FL, USA, April 1997, S. 182 – 193

[Kal60] KALMAN, Rudolf E.: A New Approach to Linear Filtering and Prediction Problems. In: *Transactions of the ASME – Journal of Basic Engineering* 82 (1960), Nr. D, S. 35 – 45

[KAS07]   KONOLIGE, Kurt ; AGRAWAL, Motilal ; SOLÀ, Joan: Large Scale Visual
           Odometry for Rough Terrain. In: *Proceedings of the International
           Symposium on Robotics Research*. Hiroshima, Japan, November 2007,
           S. 201 – 212

[KGL10]   KITT, Bernd ; GEIGER, Andreas ; LATEGAHN, Henning: Visual Odo-
           metry based on Stereo Image Sequences with RANSAC-based Outlier
           Rejection Scheme. In: *Proceedings of the IEEE Intelligent Vehicles
           Symposium*. San Diego, CA, USA, June 2010, S. 486 – 492

[KKP11]   KOTZ, Samuel ; KOZUBOWSKI, Tomasz ; PODGORSKI, Krzystof: *The La-
           place Distribution and Generalizations: A Revisit with Applications to
           Communications, Economics, Engineering, and Finance*. Birkhäuser,
           2011

[KL51]   KULLBACK, Solomon ; LEIBLER, Richard A.: On Information and Suf-
           ficiency. In: *The Annals of Mathematical Statistics* 22 (1951), March,
           Nr. 1, S. 79 – 86

[KL12]   KITT, Bernd ; LATEGAHN, Henning: Trinocular Optical Flow Estima-
           tion for Intelligent Vehicle Applications. In: *Proceedings of the IEEE
           International Conference on Intelligent Transportation Systems*. An-
           chorage, AK, USA, September 2012, S. 300 – 306

[KMS10]   KITT, Bernd ; MOOSMANN, Frank ; STILLER, Christoph: Moving on
           to Dynamic Environments: Visual Odometry using Feature Classifi-
           cation. In: *Proceedings of the IEEE/RSJ International Conference on
           Intelligent Robots and Systems*. Taipei, Taiwan, October 2010, S. 5551
           – 5556

[KRC+11]   KITT, Bernd ; REHDER, Jörn ; CHAMBERS, Andrew ; SCHÖNBEIN, Mi-
           riam ; LATEGAHN, Henning ; SINGH, Sanjiv: Monocular Visual Odo-
           metry using a Planar Road Model to Solve Scale Ambiguity. In: *Pro-
           ceedings of the European Conference on Mobile Robots*. Örebro, Swe-
           den, September 2011, S. 43 – 48

[KRL10a]   KITT, Bernd ; RANFT, Benjamin ; LATEGAHN, Henning: Block-
           Matching based Optical Flow Estimation with Reduced Search Space
           based on Geometric Constraints. In: *Proceedings of the IEEE Inter-
           national Conference on Intelligent Transportation Systems*. Madeira
           Island, Portugal, September 2010, S. 1104 – 1109

[KRL10b] KITT, Bernd ; RANFT, Benjamin ; LATEGAHN, Henning: Detection and Tracking of Independently Moving Objects in Urban Environments. In: *Proceedings of the IEEE International Conference on Intelligent Transportation Systems*. Madeira Island, Portugal, September 2010, S. 1396 – 1401

[KTW08] KOPPEL, Dan ; TSAI, Chang-Ming ; WANG, Yuan-Fang: Regularizing Optical-Flow Computation using Tensor Theory and Complex Analysis. In: *IEEE Computer Society Conference on Computer Vision and Pattern Recognition Workshops*. Anchorage, AK, USA, June 2008, S. 1 – 6

[LCS11] LEUTENEGGER, Stefan ; CHLI, Margarita ; SIEGWART, Roland Y.: BRISK: Binary Robust Invariant Scalable Keypoints. In: *Proceedings of the IEEE International Conference on Computer Vision*. Barcelona, Spain, November 2011, S. 2548 – 2555

[Lee09] LEENEY, Mark: Fast quaternion slerp. In: *International Journal of Computer Mathematics* 86 (2009), January, Nr. 1, S. 79 – 84

[LK81] LUCAS, Bruce D. ; KANADE, Takeo: An Iterative Image Registration Technique with an Application to Stereo Vision. In: *Proceedings of the International Joint Conference on Artificial Intelligence*. Vancouver, BC, Canada, April 1981, S. 674 – 679

[LMB02] LEFAIX, Gildas ; MARCHAND, Eric ; BOUTHEMY, Patrick: Motion-based Obstacle Detection and Tracking for Car Driving Assistance. In: *Proceedings of the IEEE International Conference on Pattern Recognition*. Quebec, QC, Canada, August 2002, S. 74 – 77

[Low99] LOWE, David G.: Object Recognition from Local Scale-Invariant Features. In: *Proceedings of the IEEE International Conference on Computer Vision*. Corfu, Greece, September 1999, S. 1150 – 1157

[Low04] LOWE, David G.: Distinctive Image Features from Scale-Invariant Keypoints. In: *International Journal of Computer Vision* 60 (2004), November, Nr. 2, S. 91 – 110

[LTL08] LEE, Yunseok ; TOH, Kar-Ann ; LEE, Sangyoun: Stereo image rectification based on polar transform. In: *Optical Engineering* 47 (2008), August, Nr. 8, S. 1 – 12

[LZ99] LOOP, Charles ; ZHANG, Zhengyou: Computing Rectifying Homographies for Stereo Vision / Microsoft Research. Redmond, WA, USA, April 1999 (MSR-TR-99-21). – Forschungsbericht

[MB11]   MCMANUS, Colin ; BARFOOT, Timothy D.:   A Serial Approach to
            Handling High-Dimensional Measurements in the Sigma-Point Kal-
            man Filter. In: *Proceedings of Robotics: Science and Systems*. Los
            Angeles, CA, USA, June 2011

[MCM07]   MAIMONE, Mark ; CHENG, Yang ; MATTHIES, Larry H.:   Two Years
            of Visual Odometry on the Mars Exploration Rovers. In: *Journal of
            Field Robotics* 24 (2007), March, Nr. 3, S. 169 – 186

[Mer04]   MERWE, Rudolph van d.: *Sigma-Point Kalman Filters for Probabili-
            stic Inference in Dynamic State-Space Models*. Portland, OR, USA,
            OGI School of Science and Engineering, Oregon Health and Science
            University, Diss., 2004

[MRR$^+$11] MÜLLER, Thomas ; RABE, Clemens ; RANNACHER, Jens ; FRANKE,
            Uwe ; MESTER, Rudolf: Illumination-Robust Dense Optical Flow
            Using Census Signatures. In: *DAGM-Symposium*. Frankfurt, Ger-
            many, September 2011, S. 236 – 245

[MS06]   MILELLA, Annalisa ; SIEGWART, Roland: Stereo-Based Ego-Motion
            Estimation Using Pixel-Tracking and Iterative Closest Point. In: *Pro-
            ceedings of the IEEE International Conference on Computer Vision
            Systems*. New York, NY, USA, January 2006, S. 21 – 27

[MTL78]   MCGILL, Robert ; TUKEY, John W. ; LARSEN, Wayne A.: Variations
            of Box Plots. In: *The American Statistician* 32 (1978), February, Nr.
            1, S. 12 – 16

[NE86]   NAGEL, Hans-Hellmut ; ENKELMANN, Wilfried: An Investigation of
            Smoothness Constraints for the Estimation of Displacement Vector
            Fields from Image Sequences. In: *IEEE Transactions on Pattern Ana-
            lysis and Machine Intelligence* 8 (1986), September, Nr. 5, S. 565 –
            593

[Nie02]   NIEMEIER, Wolfgang: *Ausgleichsrechnung: Eine Einführung für Stu-
            dierende und Praktiker des Vermessungs- und Geoinformationswe-
            sens*. 1. Auflage. Walter de Gruyter, 2002

[Nis04]   NISTÉR, David: An Efficient Solution to the Five-Point Relative Pose
            Problem. In: *IEEE Transactions on Pattern Analysis and Machine
            Intelligence* 26 (2004), June, Nr. 6, S. 756 – 770

[NNB04] NISTÉR, David ; NARODITSKY, Oleg ; BERGEN, James: Visual Odometry. In: *Proceedings of the IEEE Computer Society Conference on Computer Vision and Pattern Recognition*. Washington, DC, USA, June 2004, S. 652 – 659

[Nor11] NORDBERG, Klas: The Key to Three-View Geometry. In: *International Journal of Computer Vision* 94 (2011), March, Nr. 3, S. 282 – 294

[OI08] OHNISHI, Naoya ; IMIYA, Atsushi: Visual Navigation of Mobile Robot Using Optical Flow and Visual Potential Field. In: *Proceedings of the International Conference on Robot Vision*. Auckland, New Zealand, February 2008, S. 412 – 426

[Ora01] ORAM, Daniel: Rectification for Any Epipolar Geometry. In: *Proceedings of the British Machine Vision Conference*. Manchester, UK, September 2001, S. 653 – 662

[OS10] ONKARAPPA, Naveen ; SAPPA, Angel D.: On-Board Monocular Vision System Pose Estimation through a Dense Optical Flow. In: *Proceedings of the International Conference on Image Analysis and Recognition*. Povoa da Varzim, Portugal, June 2010, S. 230 – 239

[PBB+06] PAPENBERG, Nils ; BRUHN, Andrés ; BROX, Thomas ; DIDAS, Stephan ; WEICKERT, Joachim: Highly Accurate Optic Flow Computation with Theoretically Justified Warping. In: *International Journal of Computer Vision* 67 (2006), April, Nr. 2, S. 141 – 158

[PC08] PÉREZ-CRUZ, Fernando: Kullback-Leibler Divergence Estimation of Continuous Distributions. In: *Proceedings of the IEEE International Symposium on Information Theory*. Toronto, ON, Canada, July 2008, S. 1666 – 1670

[PKG99] POLLEFEYS, Marc ; KOCH, Reinhard ; GOOL, Luc van: A simple and efficient rectification method for general motion. In: *Proceedings of the IEEE International Conference on Computer Vision*. Kerkyra, Corfu, Greece, September 1999, S. 496 – 102

[PM96] PO, Lai-Man ; MA, Wing-Chung: A Novel Four-Step Search Algorithm for Fast Block Motion Estimation. In: *IEEE Transactions on Circuits and Systems for Video Technology* 6 (1996), June, Nr. 3, S. 313 – 317

[RD06] ROSTEN, Edward ; DRUMMOND, Tom: Machine Learning for High-Speed Corner Detection. In: *Proceedings of the European Conference on Computer Vision*. Graz, Austria, May 2006, S. 430 – 443

[Res03] RESSL, Camillo: *Geometry, Constraints and Computation of the Trifocal Tensor.* Bonn, Germany, Universität Bonn, Diss., 2003

[RL01] RUSINKIEWICZ, Szymon ; LEVOY, Marc: Efficient Variants of the ICP Algorithm. In: *Proceedings of the International Conference on 3-D Digital Imaging and Modeling.* Quebec, QC, Canada, May 2001, S. 145 – 152

[RPD10] ROSTEN, Edward ; PORTER, Reid ; DRUMMOND, Tom: Faster and Better: A Machine Learning Approach to Corner Detection. In: *IEEE Transactions on Pattern Analysis and Machine Intelligence* 32 (2010), January, Nr. 1, S. 105 – 119

[RRKB11] RUBLEE, Ethan ; RABAUD, Vincent ; KONOLIGE, Kurt ; BRADSKI, Gary: ORB: An efficient alternative to SIFT and SURF. In: *Proceedings of the IEEE International Conference on Computer Vision.* Barcelona, Spain, November 2011, S. 2564 – 2571

[Sca11] SCARAMUZZA, Davide: 1-Point-RANSAC Structure from Motion for Vehicle-Mounted Cameras by Exploiting Non-holonomic Constraints. In: *International Journal of Computer Vision* 95 (2011), October, Nr. 1, S. 74 – 85

[Sch93] SCHNÖRR, Christoph: On Functionals with Greyvalue-Controlled Smoothness Terms for Determining Optical Flow. In: *IEEE Transactions on Pattern Analysis and Machine Intelligence* 15 (1993), October, Nr. 10, S. 1074 – 1079

[Sch94] SCHNÖRR, Christoph: Segmentation of visual motion by minimizing convex non-quadratic functionals. In: *Proceedings of the International Conference on Pattern Recognition.* Jerusalem, Israel, October 1994, S. 661 – 663

[Sch05] SCHREER, Oliver: *Stereoanalyse und Bildsynthese.* Springer, 2005

[SD12] STIERLIN, Susanne ; DIETMAYER, Klaus: Scale change and TTC filter for longitudinal vehicle control based on monocular video. In: *Proceedings of the IEEE International Conference in Intelligent Transportation Systems.* Anchorage, AK, USA, September 2012, S. 528 – 533

[SDS95a] STOLLNITZ, Eric J. ; DEROSE, Tony D. ; SALESIN, David H.: Wavelets for Computer Graphics: A Primer Part 1. In: *IEEE Computer Graphics and Applications Magazine* 15 (1995), May, Nr. 3, S. 76 – 84

[SDS95b] STOLLNITZ, Eric J. ; DEROSE, Tony D. ; SALESIN, David H.: Wavelets for Computer Graphics: A Primer Part 2. In: *IEEE Computer Graphics and Applications Magazine* 15 (1995), July, Nr. 4, S. 75 – 85

[SF11] SCARAMUZZA, Davide ; FRAUNDORFER, Friedrich: Visual Odometry Part I: The First 30 Years and Fundamentals. In: *IEEE Robotics and Automation Magazine* (2011), December, S. 80 – 92

[Sim06] SIMON, Dan: *Optimal State Estimation.* Wiley, 2006

[SK99] STILLER, Christoph ; KONRAD, Janusz: Estimating Motion in Image Sequences – A Tutorial on Modeling and Computation of 2D Motion. In: *IEEE Signal Processing Magazine* 16 (1999), July, Nr. 4, S. 70 – 91

[SKHD05] STILLER, Christoph ; KAMMEL, Sören ; HORN, Jan ; DANG, Thao: The computation of motion. In: REED, Todd R. (Hrsg.): *Digital Image Sequence Processing, Compression, and Analysis*, CRC Press, 2005, S. 73 – 108

[SM03] STEFANO, Luigi D. ; MATTOCCIA, Stefano: A Sufficient Condition Based On The Cauchy-Schwarz Inequality For Efficient Template Matching. In: *Proceedings of the IEEE International Conference on Image Processing.* Barcelona, Spain, September 2003, S. 269 – 272

[SMB00] SCHMID, Cordelia ; MOHR, Roger ; BAUCKHAGE, Christian: Evaluation of Interest Point Detectors. In: *International Journal of Computer Vision* 37 (2000), June, Nr. 2, S. 151 – 172

[SRW08] SCHUBERT, Robin ; RICHTER, Eric ; WANIELIK, Gerd: Comparison and Evaluation of Advanced Motion Models for Vehicle Tracking. In: *Proceedings of the IEEE International Conference on Information Fusion.* Cologne, Germany, June 2008, S. 1 – 6

[SS08] SCARAMUZZA, Davide ; SIEGWART, Roland: Appearance-Guided Monocular Omnidirectional Visual Odometry for Outdoor Ground Vehicles. In: *IEEE Transactions on Robotics* 24 (2008), October, Nr. 5, S. 1015 – 1026

[SSM06] SIBLEY, Gabe ; SUKHATME, Gaurav ; MATTHIES, Larry H.: The Iterated Sigma Point Kalman Filter with Applications to Long Range Stereo. In: *Proceedings of Robotics: Science and Systems.* Philadelphia, PA, USA, August 2006

[SSVO09] SICILIANO, Bruno ; SCIAVICCO, Lorenzo ; VILLANI, Luigi ; ORIOLO, Guiseppe: *Robotics: Modelling, Planning and Control.* Springer, 2009

[ST94] SHI, Jianbo ; TOMASI, Carlo: Good Features to Track. In: *Proceedings of the IEEE Computer Society Conference on Computer Vision and Pattern Recognition.* Seattle, WA, USA, June 1994, S. 593 – 600

[Ste04] STEIN, Fridtjof: Efficient Computation of Optical Flow Using the Census Transform. In: *DAGM-Symposium.* Tübingen, Germany, August 2004, S. 79 – 86

[Stü04] STÜKER, Dirk: *Heterogene Sensordatenfusion zur robusten Objektverfolgung im automobilen Straßenverkehr.* Oldenburg, Germany, Carl von Ossietzky-Universität, Diss., 2004

[TBF05] THRUN, Sebastian ; BURGARD, Wolfram ; FOX, Dieter: *Probabilistic Robotics.* The MIT Press, 2005

[TH98] TRAJKOVIC, Miroslav ; HEDLEY, Mark: Fast corner detection. In: *Image and Vision Computing* 16 (1998), February, Nr. 2, S. 75 – 87

[TK06] TAYLOR, Geoffrey ; KLEEMAN, Lindsay: Iterated Extended Kalman Filter. In: *Visual Perception and Robotic Manipulation* Bd. 26. Springer, 2006, S. 185 – 187

[TLF10] TOLA, Engin ; LEPETIT, Vincent ; FUA, Pascal: DAISY: An Efficient Dense Descriptor Applied to Wide-Baseline Stereo. In: *IEEE Transactions on Pattern Analysis and Machine Intelligence* 32 (2010), May, Nr. 5, S. 815 –830

[Tsa87] TSAI, Roger Y.: A Versatile Camera Calibration Technique for High-Accuracy 3D Machine Vision Metrology Using Off-the-Shelf TV Cameras and Lenses. In: *IEEE Journal of Robotics and Automation* 3 (1987), August, Nr. 4, S. 323 – 344

[VBW08] VALGAERTS, Levi ; BRUHN, Andrés ; WEICKERT, Joachim: A Variational Model for the Joint Recovery of the Fundamental Matrix and the Optical Flow. In: *DAGM-Symposium.* Munich, Germany, June 2008, S. 314 – 324

[VH08] VIDAL, René ; HARTLEY, Richard I.: Three-View Multibody Structure from Motion. In: *IEEE Transactions on Pattern Analysis and Machine Intelligence* 30 (2008), February, Nr. 2, S. 1 – 14

[WBBP06] WEICKERT, Joachim ; BRUHN, Andrés ; BROX, Thomas ; PAPENBERG, Nils: A Survey on Variational Optic Flow Methods for Small Displacements. In: SCHERZER, O. (Hrsg.): *Mathematical Models for Registration and Applications to Medical Imaging* Bd. 10. Springer, 2006, S. 103 – 136

[Wei98] WEICKERT, Joachim: On Discontinuity-Preserving Optic Flow. In: *Proceedings of the Computer Vision and Mobile Robotics Workshop.* Santorini, September 1998, S. 115 – 122

[WGPS08] WERLING, Moritz ; GOEBL, Matthias ; PINK, Oliver ; STILLER, Christoph: A Hardware and Software Framework for Cognitive Automobiles. In: *Proceedings of the IEEE Intelligent Vehicles Symposium.* Eindhoven, The Netherlands, June 2008, S. 1080 – 1085

[WHD05] WU, F. C. ; HU, Z. Y. ; DUAN, F. Q.: 8-Point Algorithm Revisited: Factorized 8-Point Algorithm. In: *Proceedings of the IEEE International Conference on Computer Vision.* Washington, DC, USA, October 2005, S. 488 – 494

[WHW09] WINNER, Hermann ; HAKULI, Stephan ; WOLF, Gabriele: *Handbuch Fahrerassistenzsysteme: Grundlagen, Komponenten und Systeme für aktive Sicherheit und Komfort.* 1. Auflage. Vieweg + Teubner, 2009

[WL08] WEI, Shou-Der ; LAI, Shang-Hong: Fast Template Matching Based on Normalized Cross Correlation With Adaptive Multilevel Winner Update. In: *IEEE Transactions on Image Processing* 17 (2008), November, Nr. 11, S. 2227 – 2235

[WPB$^+$08] WEDEL, Andreas ; POCK, Thomas ; BRAUN, J. ; FRANKE, Uwe ; CREMERS, D.: Duality TV-L1 Flow with Fundamental Matrix Prior. In: *Proceedings of the International Conference on Image and Vision Computing.* Auckland, New Zealand, November 2008, S. 1 – 6

[XDJ12] XU, Li ; DAI, Zhenlong ; JIA, Jiaya: Scale Invariant Optical Flow. In: *Proceedings of the European Conference on Computer Vision.* Florence, Italy, October 2012, S. 385 – 399

[XJM12] XU, Li ; JIA, Jiaya ; MATSUSHITA, Yasuyuki: Motion Detail Preserving Optical Flow Estimation. In: *IEEE Transactions on Pattern Analysis and Machine Intelligence* 34 (2012), September, Nr. 9, S. 1744 – 1757

[YKN06]   YAMAGUCHI, Koichiro ; KATO, Takeo ; NINOMIYA, Yoshiki: Vehicle Ego-Motion Estimation and Moving Object Detection using a Monocular Camera. In: *Proceedings of the IEEE International Conference on Pattern Recognition*. Hong Kong, China, August 2006, S. 610 – 613

[ZDFL95]   ZHANG, Zhengyou ; DERICHE, Rachid ; FAUGERAS, Olivier ; LUONG, Quang-Tuan: A robust technique for matching two uncalibrated images through the recovery of the unknown epipolar geometry. In: *Artificial Intelligence* 78 (1995), October, Nr. 1 – 2, S. 87 – 119

[Zha94]   ZHANG, Zhengyou: Iterative point matching for registration of free-form-curves and surfaces. In: *International Journal of Computer Vision* 13 (1994), October, Nr. 2, S. 119 – 152

[Zha00]   ZHANG, Zhengyou: A Flexible New Technique for Camera Calibration. In: *IEEE Transactions on Pattern Analysis and Machine Intelligence* 22 (2000), November, Nr. 11, S. 1330 – 1334

[ZL00]   ZHĀNG, Dēngshèng ; LU, Guojun: An Edge and Color Oriented Optical Flow Estimation Using Block Matching. In: *Proceedings of the International Conference on Signal Processing*. Beijing, China, August 2000, S. 1026 – 1032

[ZOS$^+$07]   ZHU, Zhiwei ; OSKIPER, Taragay ; SAMARASEKEREA, Supun ; KUMAR, Rakesh ; SAWHNEY, Harpreet S.: Ten-fold Improvement in Visual Odometry Using Landmark Matching. In: *Proceedings of the IEEE International Conference on Computer Vision*. Rio de Janeiro, Brazil, October 2007, S. 1 – 8

[ZW94]   ZABIH, Ramin ; WOODFILL, John: Non-parametric Local Transforms for Computing Visual Correspondence. In: *Proceedings of the European Conference on Computer Vision*. Stockholm, Sweden, May 1994, S. 151 – 158

**Schriftenreihe
Institut für Mess- und Regelungstechnik
Karlsruher Institut für Technologie
(1613-4214)**

Die Bände sind unter www.ksp.kit.edu als PDF frei verfügbar oder als Druckausgabe bestellbar.

Band 001   Hans, Annegret
            Entwicklung eines Inline-Viskosimeters auf Basis
            eines magnetisch-induktiven Durchflussmessers. 2004
            ISBN 3-937300-02-3

Band 002   Heizmann, Michael
            Auswertung von forensischen Riefenspuren
            mittels automatischer Sichtprüfung. 2004
            ISBN 3-937300-05-8

Band 003   Herbst, Jürgen
            Zerstörungsfreie Prüfung von Abwasserkanälen
            mit Klopfschall. 2004
            ISBN 3-937300-23-6

Band 004   Kammel, Sören
            Deflektometrische Untersuchung spiegelnd
            reflektierender Freiformflächen. 2005
            ISBN 3-937300-28-7

Band 005   Geistler, Alexander
            Bordautonome Ortung von Schienenfahrzeugen
            mit Wirbelstrom-Sensoren. 2007
            ISBN 978-3-86644-123-1

Band 006   Horn, Jan
            Zweidimensionale Geschwindigkeitsmessung
            texturierter Oberflächen mit flächenhaften
            bildgebenden Sensoren. 2007
            ISBN 978-3-86644-076-0

Band 007   Hoffmann, Christian
            Fahrzeugdetektion durch Fusion monoskopischer
            Videomerkmale. 2007
            ISBN 978-3-86644-139-2

Band 008   Dang, Thao
            Kontinuierliche Selbstkalibrierung von Stereokameras.
            2007
            ISBN 978-3-86644-164-4

Band 009   Kapp, Andreas
            Ein Beitrag zur Verbesserung und Erweiterung
            der Lidar-Signalverarbeitung für Fahrzeuge. 2007
            ISBN 978-3-86644-174-3

Band 010   Horbach, Jan
            Verfahren zur optischen 3D-Vermessung spiegelnder
            Oberflächen. 2008
            ISBN 978-3-86644-202-3

Band 011   Böhringer, Frank
            Gleisselektive Ortung von Schienenfahrzeugen
            mit bordautonomer Sensorik. 2008
            ISBN 978-3-86644-196-5

Band 012   Xin, Binjian
            Auswertung und Charakterisierung dreidimensionaler
            Messdaten technischer Oberflächen mit Riefentexturen.
            2009
            ISBN 978-3-86644-326-6

Band 013   Cech, Markus
            Fahrspurschätzung aus monokularen Bildfolgen für
            innerstädtische Fahrerassistenzanwendungen. 2009
            ISBN 978-3-86644-351-8

Band 014   Speck, Christoph
            Automatisierte Auswertung forensischer Spuren
            auf Patronenhülsen. 2009
            ISBN 978-3-86644-365-5

Band 015   Bachmann, Alexander
            Dichte Objektsegmentierung in Stereobildfolgen. 2010
            ISBN 978-3-86644-541-3

Band 025   Geiger, Andreas
            Probabilistic Models for 3D Urban Scene
            Understanding from Movable Platforms. 2013
            ISBN 978-3-7315-0081-0

Band 026   Hörter Marko
            Entwicklung und vergleichende Bewertung
            einer bildbasierten Markierungslichtsteuerung
            für Kraftfahrzeuge. 2013
            ISBN 978-3-7315-0091-9

Band 027   Kitt, Bernd
            Effiziente Schätzung dichter Bewegungsvektorfelder
            unter Berücksichtigung der Epipolargeometrie zwischen
            unterschiedlichen Ansichten einer Szene. 2013
            ISBN 978-3-7315-0105-3